张仲勇◎编著

中国华侨出版社

图书在版编目（CIP）数据

没走过的是路，走过的是人生/张仲勇编著. —北京：中国华侨出版社，2015.1

ISBN 978-7-5113-5121-0

Ⅰ．①没…　Ⅱ．①张…　Ⅲ．①人生哲学－通俗读物
Ⅳ．①B821-49

中国版本图书馆CIP数据核字（2015）第013080号

● 没走过的是路，走过的是人生

编　　著	张仲勇
责任编辑	文　喆
封面设计	纸衣裳書裝·孙希前
经　　销	新华书店
开　　本	710毫米×1000毫米　1/16　印张16　字数223千字
印　　刷	北京一鑫印务有限责任公司
版　　次	2015年4月第1版　2019年8月第2次印刷
书　　号	ISBN 978-7-5113-5121-0
定　　价	32.00元

中国华侨出版社　　北京朝阳区静安里26号通成达大厦3层　　邮编100028
法律顾问：陈鹰律师事务所
编辑部：（010）64443056　64443979
发行部：（010）64443051　传真：64439708
网　址：www.oveaschin.com
e-mail：oveaschin@sina.com

浪漫的人说人生是一杯酒,越喝越醉人;

豁达的人说人生是一壶茶,苦中有甘甜;

更多的人说人生就是实实在在的生活,柴米油盐酱醋茶;

……

归根结底,人生就是一种体验与感悟,没走过的是路,走过的就叫人生。

那些年,

站在青春的十字路口上,谁没有过对理想的迷茫,谁没有过对选择的彷徨?

经验,让我们学会了如何抉择。

走在社交的人字路上,谁不曾遭遇过尴尬,谁不曾感受过孤独?

经验,让我们懂得了如何融入。

爱情的转盘路,留下了我们几多甜蜜、几多欢笑、几许泪水,几许惆怅,然而一路走来,我们毕竟有所感悟。

经验,让我们知道了如何相处。

在追求物质的过程中,我们的双脚总是走得太快、太快,以至于把灵魂远远地甩在了后面。我们需要踏上缓冲路，慢下来，歇一歇，想一想：

什么，才是真正的幸福。

那些年，

在没走过之前，谁不曾走上岔路？

在走过了以后，谁不曾有过彻悟？

正因为走过，我们愈发懂得，人生应该是什么样子？

曾经的喜悦，曾经的失望，曾经的彷徨，曾经的淡然，以及那曾经的感伤，这一路的林林总总，它蹉跎了我们，也沉淀了我们；剥去了我们青春的衣裳，也脱下了我们年少无知的轻狂。成长这条路，我们都需要自己走过，世世代代的人们都是如此，年轻时想方设法避开前人走的路，年长后又痛斥晚辈不懂得跟随自己的脚步。可成长这条路原本就不需要强行牵引、刻意绕行，我们终归得自己走过。

所以别管弯路也好，痛苦也罢，别抱怨，都是上天派来度化我们的，是一种富足。该来的已经来到，未来的还会到来，继续走吧，有些路你不走下去，人生就停在了那里，永远无法感知它的美丽。

但愿本书能够带给你更多的人生思考和心灵慰藉，能够让你轻松面对生活中的每一件事。在贫与富、得与失、悲与喜、爱与恨面前取舍自如、平静应对，在生活的道路上充满自信和坚强。品享快乐幸福人生！

目录 / contents

十字路　前途·未知·恐惧·选择

一、梦想到底远不远 / 002

梦想到底远不远 …………………………………… 002
谁能相信梦里的事 ………………………………… 004
心未冷，梦就在 …………………………………… 007
只要你还在走 ……………………………………… 009
别让生活打破梦想 ………………………………… 013
最大的资产是希望 ………………………………… 016
此路泥泞，有时不过滑一跤 ……………………… 018
梦想有时只需再试一次 …………………………… 020
自己选的路，就要埋头走下去 …………………… 022
梦想需要接近地气 ………………………………… 024

二、是什么，让路越走越难 / 027

未能完成的设计 …………………………………… 027
进步路上的绊脚石 ………………………………… 030

抱着文凭睡懒觉 …………………………… 032
高看了的自己 ……………………………… 034
拉不断的铁链 ……………………………… 036
路要一步一步走 …………………………… 040
视而不见的苹果 …………………………… 042
谁又在把自己当成二等公民 ……………… 044
相信自己 …………………………………… 049
谁把主见弄丢了 …………………………… 052
卡布奇诺的味道 …………………………… 054
99%成功的欲望不敌1%放弃的念头 ……… 057

三、回头再看苦难 / 061

谁不曾遇到苦难 …………………………… 061
不经劫难的超脱是轻佻的 ………………… 064
总有适合自己的种子 ……………………… 067
别怕被看低，更别把自己看低 …………… 069
眼睛不能失去光泽 ………………………… 071
只要心不盲 ………………………………… 074
抓住"刀柄"才能不被刀刃伤害 ………… 075
要尽可能地将志向放大 …………………… 079
是与众不同造就了与众不同 ……………… 081
懂得了遗憾，就懂得了人生 ……………… 083

人字路　那些人·那些事·百态杂陈

一、朋友之谊 / 088

交友结友不在多 ……………………………… 088
寻一些良朋 …………………………………… 090
分清"可深交"与"不可深交"………………… 092
看清"真朋友"还是"伪朋友"………………… 095

二、话里话外 / 098

指责的话少说为妙 …………………………… 098
批评未必直来直往 …………………………… 101
单刀直入不如搭好台阶 ……………………… 103
给人说话的权利 ……………………………… 105
安慰其实也有门道 …………………………… 108
你说一个错，我认两个错 …………………… 110
间接地提醒错误 ……………………………… 112
有时就要"没听懂"…………………………… 114

三、在人群中长大 / 116

走自己的路 …………………………………… 116
低姿态往往能成就新高度 …………………… 120
忘掉所有的仇恨 ……………………………… 124
与人争辩，永远不会真赢 …………………… 126

妥协更是一种智慧 …………………… 129
好汉也要吃点眼前亏 …………………… 131
得理之处且饶人 …………………… 135
朋友之间也要"亲密有间" …………………… 136

转盘路　爱情·婚姻·摸索出来的幸福

一、我们都曾不懂爱 / 140

爱情路上丢了"我" …………………… 140
同一个世界，不同的空间 …………………… 142
虚无缥缈的爱情憧憬 …………………… 145
浪漫与不浪漫又有什么 …………………… 147
分享？想都别想 …………………… 149
爱情一如手中沙 …………………… 150
疑心成狂 …………………… 152
陈年旧账该忘就忘 …………………… 155

二、两颗心的磨合 / 157

给婚姻做个检查 …………………… 157
丈夫，不是石榴裙下的奴隶 …………………… 159
妻子，不是锁链下的囚徒 …………………… 160
幸福婚姻的秘诀是宽容 …………………… 163
多一些检讨，多一些担当 …………………… 167
冷战，伤之不起 …………………… 169

唤醒爱的激情 …………………………… 172

惊喜，让婚姻充满激情 …………………… 175

三、如果爱情劈了叉 / 180

错了的，永远对不了 …………………… 180

爱是流动的河 …………………………… 183

别为谁折了羽翼 ………………………… 184

该放手时就放手 ………………………… 188

下一个，或许更好 ……………………… 191

给爱情回旋的余地 ……………………… 193

缓冲路　欲念·追求·幸福·艰难的平衡

一、"钱途"茫茫，人心惶惶 / 198

有多少赚钱的机器 ……………………… 198

钱并不是万能的 ………………………… 200

幸福的本质不属于物质范畴 …………… 202

不追求不必追求之物 …………………… 204

无财也是一种福气 ……………………… 208

二、当诱惑来敲门 / 210

欲望陷阱无处不在 ……………………… 210

骄奢淫逸，富不过三代 ………………… 212

一段声色一段灰 …………………… 214

贪多难咽，放弃本不属于你的东西 …… 216

用一份寂寞抵挡诱惑 …………………… 219

养心莫善于寡欲 ………………………… 221

人若无欲，鬼亦无法 …………………… 224

三、原来适合就是最好 / 228

是苦是乐，取决于心 …………………… 228

不妨就在塔中央看看风景 ……………… 230

保持自然的生活方式 …………………… 232

我懒我快乐 ……………………………… 235

平凡也是一种享受 ……………………… 238

别把自己搞得太累 ……………………… 240

得意泰然，失意超然，总之淡然 ……… 242

十字路

前途·未知·恐惧·选择

　　当我们在陌生的人生十字路口驻足选择时，眼中流露出的可能是怅惘与迷茫，然而成长这条路，总需要自己走过，能够尊重自己的选择，这对很多人来说并不容易。然而幸福，就在自己选择的路上。所以别管弯路也好，痛苦也罢，别抱怨，都是上天派来度化我们的，是一种富足。该来的已经来到，未来的还会到来，继续走吧，有些路你不走下去，人生就停在了那里，永远无法感知它的美丽。

　　相信总有一天，我们的心茧会一层层脱落，灵魂通透而柔软，一只拥有美丽翅膀的蝴蝶将会在阳光下翩翩起舞。

一、梦想到底远不远

◇ 梦想到底远不远

梦想到底远不远？远！但并不像我们想象的那么遥远。很多梦想我们无法实现，并不是因为它太遥远我们无法触及，而是因为我们不去触及它才变得遥远。

一直以来，在人们的印象中，梦想这件事似乎总与艰难困苦有关，好像也极少有人将其与轻松愉悦联系在一起。但事实上，这是我们把实现梦想的过程想象的太过复杂了，这样子很不好，尤其是在我们刚刚踏入社会时，这种意识上的打击是很沉重的。

如果说你现在正处于那种对梦想的无奈之中，那么来看看这个故事吧。

多年前，一位韩国学生到剑桥大学进修心理学课程。在喝下午茶的时候，他常到学校的咖啡厅或茶座室听一些成功人士聊天。这些成功人士包括：诺贝尔奖获得者、某一些领域的学术权威，以及一些创造了经济神话的人，这些人幽默风趣，举重若轻，都把自己的成功看得非常自然和顺理成章。久而久之他发现，在韩国国内时，他被一些成功人士欺骗了。那些人为了让正在创业的人知难而退，普遍把自己创业时的艰辛夸大了，也就是说，他们在用自己的成功经历吓唬那些还没有取得成功的人。

作为心理系的学生，他认为很有必要对韩国成功人士的心态加以研究。于是，他把《成功并不像你想象的那么难》作为毕业论文，提交给现代经济心理学的创始人威尔布雷登教授。布雷登教授阅读以后，大为惊喜，他认为这是个新发现，这种现象虽然在东方甚至在世界各地普遍存在，但此前还没有一个人大胆地提出来并加以研究。惊喜之余，他写信给他的剑桥校友——当时韩国政坛第一人——朴正熙。他在信中说："我不敢说这部著作对你有多么大的帮助，但我敢肯定它比你的任何一个政令都能产生震动。"

后来这本书果然伴随着韩国的经济起飞了。这本书鼓舞了许多人，因为它从一个新的角度告诉人们：成功与艰难困苦联系不大，而事实上，只要你对某一事业感兴趣且你在这方面不是白痴，那么持之以恒就会成功，因为上帝赋予你的时间和智慧足够你圆满地做完一件事情了。后来，这位青年也获得了成功，他成了韩国泛业汽车公司的总裁。

实现梦想虽然不是什么轻而易举的事情，但也不一定非要"上刀山，下火海"，那些将成功难度无限夸大的人物及文字，显然带着某种目的，可以去参考，但不要迷信，因为成功最主要的一点就是——当看清楚一件事情的意义以后，踏踏实实、持之以恒、锲而不舍地去做，直到它成为你想要的样子。

其实人生中的许多事，只要想做都能做到，该克服的困难就去克服，想克服就能克服，用不着什么心机或谋略，只要仍旧实际却又不乏激情地活着，终会发现，努力过后，很多事情都是自然而然的。

所以，没必要再对"成功"心有余悸，谈虎色变，觉得与自己不存在任何关系，因而有了梦想却不敢去尝试，怕丢人、怕浪费时间、怕最终无功而返，因为只要你去做了，就绝对有成功的可能，但你不去做，就绝无成功的机会。

最起码要相信自己，相信自己可以有美好的将来，这肯定没有想象中那么难——只要你肯敲门、肯尝试、肯努力！

✧ 谁能相信梦里的事

一个23岁的女孩子，除了爱想象之外，与别人相比没有什么不同，平常的父母，平常的相貌，上的也是平常的大学。

大学的宽松环境让她有了更多的时间去想象，她的脑海中常会出现童话中的情景：穿着白衣裙的芭比娃娃、蔚蓝的天空、绿绿的草地。当然，还有巫婆和魔鬼……他们之间有着许多离奇的故事，她常常动手把这些故事写下来，并且乐此不疲。

在大学里，她爱上了一个男孩，他的举止和言谈真的和童话里的王子一样，他是她想象中的"白马王子"，她很爱他。但是，他却受不了她脑海中那些荒唐的不切实际的想法。她会在约会的时候突然给他讲述一个刚刚想到的童话，他烦透了这样"幼稚"的故事。他对她说："天啊，你已经23岁了，但你看来永远都长不大。"他弃她而去。

失恋的打击并没能阻止她的梦想和写作。25岁那年，她带着改变生活环境的想法，来到了她向往的具有浪漫色彩的葡萄牙。在那里，

十字路　前途·未知·恐惧·选择

　　她很快找到了一份英语教师的工作，业余时间继续写她的童话。
　　一位青年记者很快走进了她的生活，青年记者幽默、风趣而且才华横溢。她爱上了他，他们很快步入了婚姻的殿堂。但她的奇思异想让他也无法忍受，他开始和其他姑娘来往。不久，他们的婚姻走到了尽头，他留给她一个女儿。
　　她经受了生命中最沉重的一击。祸不单行的是离婚不久，她又被学校解聘了。无法在葡萄牙立足的她只得回到了自己的故乡，靠社会救济金和亲友的资助生活。但她还是没有停止她的写作，现在她的要求很低，只是把这些童话故事讲给女儿听。
　　终于有一次，她在英格兰乘地铁，她坐在冰冷的椅子上等晚点的地铁到来，一个人物造型突然涌上心头。回到家，她铺开稿纸，多年的生活阅历让她的创作热情一发而不可收。
　　她的长篇魔幻故事《哈利·波特》问世了，并不看好这本书的出版商出版了这本书，没想到，一上市就畅销全国，达到了数百万册之巨，所有人都为此感到吃惊。
　　她的名字叫乔安娜·凯瑟琳·罗琳，她被评为"英国在职妇女收入榜"之首；被美国著名的《福布斯》杂志列入"100名全球最有权力的名人"，名列第25位。
　　每个人都会有想象，但想象最终总被岁月无情地夺去，只留下苍白而又单调的色彩。在这个世俗而又讲求物质的社会中，人们总是认为梦想与成功之间的距离遥不可及。其实并不是如此，成功与失败的分水岭其实就是能否把自己的想象坚持到底。
　　埃及流传的一个古老传说，正好印证了这个说法。有个开罗人，一天到晚想发财，希望能突然得到一笔巨款。有一夜，他梦见从水里冒出一个人，浑身湿淋淋的，一张嘴，吐出一个金币，并且对开罗人说："你想发财吗？有成千上万的金币正等着你呢。"开罗人急着问:"在哪里?在哪里?我想发财想得快发疯了。"

"好,"那吐金币的人说,"想发财,你就得去伊斯法罕,只有到那里才能找到金币。"说完就不见了。

开罗人醒过来,辗转反侧,再也睡不着。"天哪!伊斯法罕远在波斯啊,我到底去不去呢?那里有几千里之遥啊,我必须穿越阿拉伯半岛,经波斯湾,再攀上扎格罗斯山,才到得了那山巅之城。"开罗人想,"我可能死在半路,但是不去,我这辈子大概就发不了财了。"去,他不见得一定能发财,谁能相信梦里的事?但是不去,他必定会后悔。

经过几天内心的挣扎,开罗人还是决定冒险。他千里跋涉,历经了许多艰难险阻,终于风尘仆仆地到达了"山巅之城"伊斯法罕。

可是他的辛苦得到了什么样的回报呢?伊斯法罕不但穷困,而且正闹土匪,开罗人随身带的一点值钱的东西都被土匪抢走了。

当地的警卫总算把土匪赶跑,发现了奄奄一息的开罗人,喂他吃东西、喝水,把他救活了。

"听口音,你不是本地人?"一个警卫说。"我从开罗来。""什么?开罗?你从那么远、那么富有的城市,到我们这鸟不生蛋的伊斯法罕来干什么?""因为我梦见神对我启示,到这里来可以找到成千上万的金币。"开罗人坦白地说。

警卫大笑了起来:"为了这个?笑死我了,我也常做梦,梦到我在开罗有个房子,后院有7棵无花果树和1个日晷,日晷旁边有个水池,池底藏着好多金币呢!你真是疯了!快滚回你的开罗吧,别到伊斯法罕来说梦话了!"

开罗人衣衫褴褛,一无所有地回到了开罗,邻居看他的可怜相,都笑他疯了。但是,回家没几天,他竟成为开罗最有钱的人。因为那警卫说的7棵无花果树和水池,正在他家的后院。他在水池底下,挖出了成千上万的金币。

只要你紧握住梦想，就不用在意别人的冷嘲热讽，因为他们无法再次偷走你的梦想。而所有偷梦者泼向你的冷水，正足以滋润你梦想的种子，使之茁壮成长为大树。你应感谢他们给你的冷水，真心地感恩，因为待你梦想成真之后，你将与他们分享。

心爱的东西不见了，可以再去买；钱花光了，可以再赚回来；唯独梦想若是被偷走了，就难以再寻觅回来。除非你愿意，否则没有人可以偷走你的梦想。

✧ 心未冷，梦就在

时运不济，人人都可能遇到，一辈子没有受过挫折的人很少。只要还相信有希望，就会有奋斗，就会有机会。最悲惨的就是万念俱灰。一些人在连续遭遇挫折后，失去了自信心，经历了多次众叛亲离，以致最终绝望。其实，人在低谷的时候，只要你抬脚走，就会走向高处，这就是否极泰来；如果你躺下不动了，这就是坟墓。

杜克·鲁德曼是一个年过 60 岁的老人。他自认为是一个遭受失败最多的人。他热衷于石油的开采，他说他一生中每打 4 口井，就有 3 口是枯井。可是他依然从逆境中走了出来，成了一个身价超过两亿美元的富翁。杜克·鲁德曼自己回忆说："当年我被学校开除后，就跑到得克萨斯的油田找了一份工作。随着经验的逐渐丰富，我便想自己当一名独立的石油勘探者。那时候，每当我手里有钱了，我就自己租赁设备，进行石油勘探。在连续的两年里，我一共打了将近30口井，但全部是枯井。当时，我真的是失望极了。"杜克·鲁德曼的确陷入了困境，将近40岁了，依然一无所成。但是，他不但没有被逆境压倒，反而更加勤奋努力。他开始研读各种与石油开采有关的书籍，获得了丰富的理论知识。等理论知识掌握得非常充分的时候，他卷土重来，租好设备，找好地皮，进行又一次石油开采。这一次他没有遇到枯井，看到的是喷涌而出的石油。

每一次挫折或不利的突变，都带着同样或较大有利的种子。最危险的时候，也就是你的爆发力发展到最大限度的时候。任何事情都是多方面的，我们看到的只是其中的一个侧面。

美国国际投资顾问公司总裁廖荣典有个很有名的百分比定律。他认为，假如会见10名顾客，只在第10名顾客处获得200元订单，那么怎样看待前9次的失败与被拒绝呢？他说："请记住，你之所以赚200元，是因为你会见了10名顾客才产生的结果，并不是第10名顾客才让你赚到200元。而应看成每个顾客都让你做了200÷10=20元的生意。因此，每次被拒绝的收入是20元。当你被拒绝时，想到这个顾客拒绝了我，等于让我赚了20元，所以应面带微笑，敬个礼，当作收入是20元。"日本日产汽车推销王奥程良治也有类似的说法。他从一本汽车杂志上看到，据统计，日本汽车推销员拜访顾客的成交比率为1/30；换言之，拜访30个人之中，就会有一个人买车。此项信息令他振奋不已。他认为，只要锲而不舍地连续拜访了29位之后，第30位就是顾客了。最重要的，他觉得不但要感谢第30位买主，而且对先前没买的29位更应当感谢，因为假如没有前面的29次挫折，怎会有第30次的成功呢！

成功是有一定的概率分布的，关键看你能不能坚持到成功开始显现的那一点。其实失败不可怕，就怕心死。成功，必须要有百折不挠的斗志。只要心不死,只要你还在奋斗,那么,希望的灯火就不会熄灭。

诚然,你有权利选择战斗或放弃,但结果肯定大不相同。幸福眷顾那些刚强之人,无论现实是何等的残酷,只要精神屹立不倒,人生就还有欢乐存在。人活于世,始终要保留着希望,丢失了希望,与行尸走肉又有何异?事实上,只要我们能够在逆境中坚守希望,总是会有雨过天晴的时候。

所以,走出阴影,沐浴在明媚的阳光之中。不管过去的一切多么痛苦、多么顽固,把它们抛到九霄云外。不要让担忧、恐惧、焦虑和遗憾消耗你的精力。把你的精力投入到未来的创造中去吧!请记住:心未冷,梦就在!

◇ 只要你还在走

曾看到这样一行字,不禁怦然心动——
"只要你还在走。"
是啊,只要你还在走,前路的风光便可以属于你;只要你还在走,你就可能成为走在最前面的人;只要你还在走,你就还可能到达你梦寐以求的目的地……只要你还在走……

并不怎么苛求你,只要求你还在走就够了。不要说你还拥有万贯财富,不要说你还有显赫的出身,不要说你还有鼓噪远近的威名……只对你作最低的期求——只要你还在走，脚还在向前迈出——没有停下。

只要你还在走呵，希望便会属于你，成功便会属于你，杰出便会属于你……只要你还在走呵，生命便属于你，明天便属于你，道路便属于你……尽管此时的你，可能一无所有，可能微不足道。

只要你还在走！

然而，曾经我们也是激情四溢，我们每个人心里都装着一个美妙的梦，我们希望有朝一日能够成为某一领域的领军人物，希望自食其力在海边买一所像样的别墅，带着爱人、带着孩子，沐浴阳光，吹着海风……我们的梦想总是那样多姿、那般浪漫。只是，又不知从何时起，我们的激情在一点点消逝，我们对于梦想的追求在逐渐消退，甚至一些人的眼中就只剩下了"柴米油盐酱醋茶"——倘若这些也可以称之为梦想的话，那么只能说，我们的梦想在日渐枯萎，幸福感在逐步流逝。

或许，是日益加剧的竞争、是不断增长的压力令我们有所屈服，放弃了心中多姿多彩的梦想。我们生活在高压的状态下，每天迫不得已地为琐事而忙碌，心里想的就是柴米油盐，日日盼的就是多赚些钱，因而忽略了原本令我们一想起便感到幸福的梦想。我们就像被蒙上眼睛的毛驴一样，每日围着磨盘转，总是踏不出那固定的圈。我们习惯了这拉磨一般的生活，至于明天要怎样、什么是幸福，我们从不去想，于是，就这样得过且过着，于是就只能平平庸庸、忙忙碌碌、麻麻木木地走完一生，这又何尝不是一种悲哀？

其实，人生还是应该有些梦想，有些激情。

在中国有一个非常古老的传说，说是很早以前黄河上游的龙门还未开凿，伊河水流到此处就会被龙门山挡住，于是在山南形成了一个很大的湖。湖中的鲤鱼听说只要跃过龙门就能幻化成龙，于是纷纷聚集到龙门之下，都想着一跃而过变成真龙。千百年以来，无数黄河鲤鱼在此跃跃欲试，但大多数都无功而还，只有极少数不肯放弃的，历尽千难万苦才最终梦想成真。

事实上，我们恰如这群黄河鲤鱼一样，每个人都曾梦想着出人头地、幻化成龙，只是，大多数人中途放弃，最终无功而返，而只有极少部分人能够始终坚持梦不褪色，满怀激情地去追逐，最终梦想成真。

梦想是什么？它是我们对于美好事物的憧憬与渴望，如果我们放弃了对于美好的追求，那还有什么能够装点你的人生？还有什么能让你感到幸福？梦想就像我们生命中的启明星，纵然你暂时陷入了黑暗之中，它也会在前方为你闪烁着希望的光芒，如果你对它视而不见，那么你将会彻底迷失方向。很多人之所以感到人生索然无味，之所以愈发迷茫，恰恰就是因为丢失了梦想。遗憾的是，这样的人却又不在少数。

这样的人，倘若你问他为什么活着，他多半会沉思良久，然后迷茫地望向远方。他们的人生，就像一辆不知驶向何处又不会停止的列车，就这样漫无目的地一路行驶下去……这样的人，倘若你问他什么是幸福，他多半会闭口不语，因为他多半不曾思考过。

但可以肯定的是，幸福绝不是迷迷糊糊地过一生。人这一生，需要有一个理由让自己去奋斗，在奋斗中充实人生，在收获中感受幸福，而这个理由无疑就是梦想。

梦想虽然看不到、摸不着，但有心人却甘愿为之托付青春，这正是因为，梦想能使人幸福。曾有人问英国著名登山家马洛里："你为什么要去攀登世界最高峰？"马洛里回答："因为山就在那里。"其实，我们每个人心中都有一座山，只不过，有些人生性怯懦，畏缩不前；有些人信念坚定，即便山高路远，依然一往无前。不为别的，只为登上山顶，品味一下什么是幸福。

其实，上帝是很公平的，他会给予每个人实现梦想的权利，关键看你如何去选择。琐事缠身、压力太大——这些都不应该是我们放弃梦想的理由。要知道，幸福感并不取决于物质的多寡，而在于心灵是否贫穷，没有梦想的灵魂真的是一种莫大的不幸！

事实上，我们完全可以让自己活得更丰富一些，不要再推说繁重的生活令你无暇顾及，这显然更像是一种托词。梦想恰似那在水一方的伊人，离它越远它就越加美丽，越是在举步维艰之时，反倒越需要它的支撑。如果我们心中没有这样一个美丽的存在，那么人生岂不是乏味至极？如果人生连做梦的念头都没有，那么还有什么值得我们品味呢？

再怎么说，有梦总是好的，至少说明生活还有盼头，纵使离梦想总有一步之遥，但亦会因为心中有梦而感到幸福。倘若你不想人生百无聊赖，那么就请将梦想守住，因为梦想成就着你的人生，承载着你的幸福。

其实，梦想离我们并不遥远，只是我们想得太过夸张，其实只要你肯坚持，它多半不会令你失望。人生路上磕磕绊绊、走走停停，我们难免会有迷茫之时，但只要你心存希望，幸福就会降临；只要你心存梦想，机遇就会笼罩，只要你持有信念，就不会迷失方向。为梦想而坚持，你定将收获幸福的果实。

✧ 别让生活打破梦想

你可能觉得自己目前的状况很糟糕,但其实最糟糕的往往不是贫困,不是厄运,而是精神和心境处于一种毫无激情的疲惫状态:那些曾经感动过你的一切,已经无法再令你心动;那些曾经吸引过你的一切,同样美丽不再;甚至那些曾经让你愤怒的、仇恨的、发狠要改变的,都已无法在你心中撩起波澜。这时,你需要为自己寻找另一片风景。

要想改变我们的人生,首先就要改变我们的心态。只要心态是积极的,我们的世界就会是光明的。事实上,我们与那些成功者之间本身并无太大差别,真正的区别就在于心态:前者的心中一直想着驾驭生命,而我们则一直在被生命所驾驭。心态的好坏决定了谁是坐骑,谁是骑师。

他,里面穿着一件旧 T 恤,外面套着略显破旧的皮夹克,夹克的肩部垫着厚厚的皮垫,上面放着一个便携音响连着组合乐器,他带着这些东西洒脱地奔向人群。他,就是流浪歌手。

每晚 7 点以后是他工作的开始,他会拿着自己编制的歌谱,去各个饭店让客人点歌。歌谱上的歌曲有许多:现代的、过去的、新潮的、经典的。他最喜欢的是张雨生的《我的未来不是梦》。

天黑得快,又冷。很少有人会在外面吃饭,他不得不多去些地方碰运气，因为有些饭馆是不让他进的。一个小时过去了，他仍然没有挣到一分钱。走了几站的路，他有点累了，靠在路灯杆下，半闭着眼，长发在光晕下显得如此沧桑。这两年他的脾气已经在别人的冷嘲热讽、白眼，甚至是骂声中被磨得没了棱角。有一段时间他感到很迷茫。在自己的地下室出租屋里一待就是一天，或者去看老头打牌、下棋。他想过放弃，但自己为了音乐付出了这么多，就这样放弃他又有些不甘。他反复地说："人这一辈子总得有个奔头，有个希望。"而音乐当然就是他的希望。他相信自己能成功。他并不觉得自己比那些明星差多少。

一个青年女子走了过来，丢下1块钱在地上，他拾起来还给了她，说："我是卖艺的，不是要饭的。"她轻蔑地看了他一眼，随便点了一首歌，没等他唱几句，她便转身离开了。这是他赚到的第一笔钱，钱是拿到了，但拿得却是如此心酸。

临近午夜，他开始往回走。天气有些凉，路上的行人已经很少了。他不冷，走了这么久的路，身子早就暖和过来了。走到一个酒店门口，他被两个醉汉拉住，非要他唱歌给他们听。他唱了几首，他们很高兴，但拒绝付钱，几个人纠缠在一起，被酒店保安劝开，他无奈地被赶走。

他一天的工作结束了，这一天他只挣到一点饭钱，空寂的马路上，路灯映着他疲惫的背影，他的耳边忽然又响起那首歌："你是不是像我在太阳下低头，流着汗水默默辛苦地工作；你是不是像我就算受了冷漠，也不放弃自己想要的生活……"

他是谁？也许现在不名一文，但你又怎知他日后不会成为孙楠、杨坤那样的明星呢？因为成就事业的关键就在于一个坚持。

如果蜷缩在生活的角落里，那么世界必然一片漆黑；如果能够改变心态，那么世界也会随之改变。只是人们在遭遇人生低谷之时，总是习惯性地向现实妥协，嘴里碎碎叨叨地抱怨着命运，微博上的更新不外乎"命运是多么残酷"、"人情是何等淡薄"、"穷途末路却无人扶助"等——那些欲博同情却只能换来鄙夷的痛苦呻吟,而我们却一直没有意识到,并不是这个世界放弃了谁,事实上只有我们自己才有放弃自己的权利。你的心态枯萎了,你的人生也就枯萎了。

英国某报纸刊登了一张查尔斯王子与一位流浪汉的合影。这个面容憔悴、神态萎靡的流浪汉不是别人,他是查尔斯王子曾经的校友克鲁伯·哈鲁多。在一个寒冷的冬天,查尔斯王子拜访伦敦的穷人时,这个流浪汉突然说道:"王子,我们曾经在同一所学校读书。""那是什么时候?"查尔斯王子反问道。流浪汉回答:"在山丘小屋的高等小学,我们还曾经互相取笑彼此的大耳朵呢!"

原来,这个名叫克鲁伯·哈鲁多的流浪汉曾经有着显赫的家世,他的祖辈、父辈都是英国知名的金融家,他年幼时的确与查尔斯王子就读于同一所贵族学校。后来,他成了一个声誉不错的作家,并加入了英国成功者俱乐部。直到这个时候,应该说克鲁伯·哈鲁多都是让很多人羡慕嫉妒恨的。那么他为何会落魄到今天这个境地?原来,在遭遇两度婚姻失败后,克鲁伯开始酗酒,最后由一名作家变成了流浪汉。那么,克鲁伯是被失败的婚姻打败的吗?显然不是,打败他的俨然就是他的心态,从他放弃积极正面心态的那一刻起,他就已经输掉了自己的一生。

很多人就像这个流浪汉一样,不是被挫折打败,而是让自己毁于心态。由此可见,从根本上决定我们生命质量的并不是金钱、不是权力、不是家世,甚至不是知识、不是学历,也不是能力,而就是心态!一个健全的心态比一百种智慧更有力量。一个且歌且行,朝着自己目标永远前进的人,整个世界都会给他让路。

那么你呢?是不是还在不停地更新博客,诉痛苦、博同情呢?

◇ 最大的资产是希望

一个人,最大的破产是绝望,最大的资产是希望。生活中的的确确存在很多不公平,但别抱怨,要努力去适应它。机会需要我们自己去创造,一味等待永远不会有令人满意的结果。如果天上真的会掉馅饼,那也会掉在把头扬起来的人嘴里。人生充满了尝试与错误,生活给了你坎坷与屈辱,但这并不意味着你已经出局。

所以在生命的旅程中,每每有风雨来袭时,不妨告诉自己:那不叫"挫败",只是成功路上的一个小小障碍!

一个穷孩子,父亲是鞋匠。父亲去世之后,母亲为了生活不得不带着他另嫁。有一天,他有机会去晋见王子,他满怀希望,在王子面前唱诗歌,朗诵剧本。表演完毕后,王子问他想要求什么赏赐?这个穷孩子大胆地提出要求:"我想写诗剧,而且在皇家剧院演戏。"王子把这个长着小丑般大鼻子的笨拙男孩从头到脚看了一遍,然后对他说:"能够背诵剧本,并不代表能够写剧本,那是两码事,我劝你还是去学一门有用的手艺吧。"

但是,他回家以后,打破了自己储钱罐,向母亲和从不关心自己的继父道别,离家去追寻自己的理想。这时候,他才14岁,但他相信,只要自己愿意努力,安徒生这个名字一定会流传千古。

他到了哥本哈根,挨家挨户地按门铃,几乎按遍了所有达官贵人家的门铃,却没有人赏识他,他衣衫褴褛地落魄街头,却仍不减他心中的热情。

终于在 1835 年,他发表的童话故事吸引了儿童的目光,开启了属于安徒生的新页,他的童话故事被译成多种文字,除了《圣经》之外,没有任何一本书比得上。这时,距离他离开家已经 16 年了。

其实,在生命陷入谷底的刹那,再激励人的格言都是无效的,而最有用的方法就是检视自己的内心,看看那里面装着什么——是"失败""痛苦""沮丧""伤心""失望"?还是"很好!在努力下我又有了进步!""很不错,我还有努力的空间和机会!""太棒了!人生多了一种不同的滋味!"也许别人不能理解你的想法,但你的注意力是正向的,你得到的结果就是正向的!

当然,你有选择的权利,但结果肯定大不相同。幸福眷顾那些刚强之人,无论现实何等的残酷,只要精神屹立不倒,人生就还有欢乐存在。事实上,只要我们能够在逆境中坚守梦想,就总是会有雨过天晴的时候。

想必你已经发现,当你面对阳光的时候,所有的黑暗都将在你脑后!所以不要问:"我为什么失败?"而要问:"我如何才能得到?"

其实,梦想并不遥远,只是我们想得太过夸张,其实只要你肯坚持,它多半不会令你失望。人生路上磕磕绊绊、走走停停,我们难免会有迷茫之时,但只要你心存希望,幸福就会降临;只要你心存梦想,机遇就会笼罩,只要你持有信念,就不会迷失方向。为梦想而坚持,你定将收获幸福的果实。

✧ 此路泥泞，有时不过滑一跤

人生路上，我们能否获得成功，往往就在于，当目标确立以后，是不是可以百折不挠地去坚持、去忍耐，直至胜利为止。

其实，生活的现实对于我们每个人本来都是一样的，但一经各人不同"心态"的诠释以后，便代表了不同的意义，因而形成了不同的事实、环境和世界。心态改变，事实就会改变；心中是什么，世界就是什么。心里装着哀愁，眼里看到的就全是黑暗；心里装着信念、装着坚忍，你的世界也会随之刚强起来。

挫折，我们难以避免，这是毫无疑问的事情。而在失败重重打击之下，最简单、最合乎逻辑的做法就是放手不干——大多数人都是这样想的，也是这样做的。这，给我们带来了什么？——我们可能已经通过一些努力走到了今天这个程度，但不幸的是，恰恰是由于某个逆境，我们的心软弱了，我们放弃了努力，我们停止了一切行动。于是，我们之前的一切辛苦统统付诸东流……成功最怕的就是这个！如果说一个人每每树立一个目标，又每每只做一点点，每每遇到哪怕是一丁点的挫折，就打退堂鼓，那么终其一生这个人也难以登上大雅之堂。

所以，坚持很重要，一个人无论想做成什么事，坚持都是必不可少的，坚持下去，才有成功的可能。说起来，坚持一次或许并不难，难的是一如既往地坚持下去，直到最后获得成功。但是，如果这样做了，恐怕就没有什么事情能够称之为难题了。

生下来就一贫如洗的林肯，终其一生都在面对挫败，8次竞选8次落败，2次经商失败，甚至还精神崩溃过1次。好多次，他本可以放弃，但他并没有如此，也正因为他没有放弃，才成为美国历史上最伟大的总统之一。以下是林肯入主白宫前的简历：

1816年，家人被赶出了居住的地方；1818年，母亲去世；1832年，竞选州议员但落选了；1832年，工作也丢了，想就读法学院，但进不去；1833年，向朋友借钱经商，但年底就破产了，接下来他花了16年，才把债还清；1834年，再次竞选州议员，赢了！

1835年，订婚后即将结婚时，未婚妻却死了，因此他的心也碎了；1836年，精神完全崩溃，卧病在床6个月；1838年，争取成为州议员的发言人，没有成功；1840年，争取成为被选举人，失败了；1843年，参加国会大选，落选了；1846年，再次参加国会大选，这次当选了！前往华盛顿特区，表现可圈可点；1848年，寻求国会议员连任，失败了！

1849年，想在自己的州内担任土地局长的工作，被拒绝了！1854年，竞选美国参议员，落选了；1856年，在共和党的全国代表大会上争取副总统的提名，得票不到100张；1858年，再度竞选美国参议员，再度落败；1860年，当选美国总统。

"此路艰辛而泥泞。我一只脚滑了一下，另一只脚也因而站不稳；但我缓口气，告诉自己，这不过是滑一跤，并不是死去而爬不起来。"林肯在竞选参议员落败后如是说。

只要愿意坚持，也许阳光就在转弯的不远处，如果此刻放弃，将永远看不到成功的希望。

迈出脚步以后，若发现路上设有障碍，不妨绕过去或是另辟蹊径，但绝对不能后退到原点，这是做人必须奉行的一种坚持！所以，别让外在力量影响你的行动，虽然你必须对压力做出反应，但你同样必须每天以既定方针为基础向前迈进。用你对成功的想象来滋养你的强烈的欲望，让你的欲望热情燃烧，最好能烧到你的屁股，随时提醒你不可在应该起来行动时，仍然坐待机会。

联想到我们日常的工作和生活，遇到失意或悲伤的事情时，我们同样要学会调整自己的心态。如果你的演讲、你的考试和你的愿望没有获得成功；如果你曾经因为鲁莽而犯过错误；如果你曾经尴尬；如果你曾经失足；如果你被训斥和谩骂……那么请不要耿耿于怀。对这些事念念不忘，不但于事无补，还会占据你的快乐时光。抛弃它吧！把它们彻底赶出你的心灵。如果你的声誉遭到了毁坏，不要以为你永远得不到清白，怀着坚定的信念勇敢地走向前吧！

◇ 梦想有时只需再试一次

有一个有趣的实验：生物学家将鲮鱼和鲦鱼这对天敌放入同一个玻璃器皿，然后用玻璃板把它们隔开。一开始，鲮鱼见到鲦鱼便凶猛地发起攻击，渴望能够吃到自己最喜欢的美味，结果它一次次地撞在玻璃板上，不仅没有吃到鲦鱼，还把自己碰得晕头转向。几十次碰壁之后，鲮鱼完全放弃了。这时，生物学家悄悄将玻璃板抽去，然而鲮鱼对近在咫尺、唾手可得的鲦鱼却视而不见了。即便那条肥美的鲦鱼一次次地从它的唇鳃边从容游过，它却再也没有进攻的欲望和信心了。

因为屡屡碰壁，便放弃努力，即便时过境迁、机会近在眼前，也不敢再去尝试，最终与梦想擦肩而过。有多少人身上带着鲮鱼的影子？许多时候，真正让梦想遥不可及的并不是没有机遇，而是面对近在眼前的已被抽掉"玻璃板"的"鲦鱼"，我们没有去"再试一次"。

　　诚然，忍耐痛苦比寻死更需要勇气，但在绝望中多坚持一下下，往往会带来惊人的喜悦。上帝不会给人不能承受的痛苦，所有的苦都可以忍耐，事实上，一个人只要具备了坚忍的品质，便可以苦中取乐，若懂得苦中取乐，则必然会苦尽甘来。

　　美国有个年轻人去微软公司求职，而微软公司当时并没有刊登过招聘广告，看到人事经理迷惑不解的表情，年轻人解释说自己碰巧路过这里，就贸然来了。人事经理觉得这事很新鲜，就破例让他试了一次，面试的结果却出乎人事经理意料之外，他原以为，这个年轻人定然是有些本事才敢如此"自负"，所以给了他机会，然而年轻人的表现却非常糟糕，他对人事经理的解释是事先没有做好准备，人事经理认为他不过是找个托词下台阶，就随口应道："等您准备好了再来吧。"

　　一周以后，年轻人再次走进了微软公司的大门，这次他依然没有成功，但与上一次相比，他的表现已经好很多了。人事经理的回答仍同上次一样："等您准备好了再来吧"。

　　就这样，这个年轻人先后5次踏进微软公司的大门，最终被公司录取。

　　执着能使成功成为必然。

　　或许我们一路走来荆棘遍布；或许我们的前途山重水复；或许我们一直孤立无助；或许我们高贵的灵魂暂时找不到寄宿……那么，是不是我们就要放弃自己？不！我们为什么不可以拿出勇者的气魄，坚定而自信地对自己说一声"再试一次"！再试一次，结果也许就大不一样。

其实，这世间最容易的事是坚持，最难的事也是坚持。说它最容易，是因为只要愿意做，人人都能做到；说它最难，是因为真正能做到的，终究是极少数的人。但只要你愿意再试一次，你就有可能达到成功的彼岸！

这做人的道理，就好比堆土为山，只要坚持下去，终归有成功的一天。否则，眼看还差一筐土就堆成了，可是到了这时，你却歇了下来，一退而不可止步，也就会功亏一篑，没有任何成果。所以说，只有勤奋上进，不畏艰辛一往无前，才是向成功接近的最好途径。

❖ 自己选的路，就要埋头走下去

在追逐梦想的道路上，每一分钟我们都有可能遇到困难。也许今天很残酷，而明天更残酷，但后天则会很美好，而许多人却在明天晚上选择了放弃，所以看不到后天的艳阳。轻易放弃的人是沐浴不到最后的阳光的。成功绝不是一蹴而就的事情，关键在于能否持之以恒。当困难阻碍前进的脚步之时、当打击挫伤进取的雄心之时，不退避、不放弃，既然是你自己选择的路，无论如何都要把它走完。

一提起史泰龙，大家都知道他是一个世界顶尖级的电影巨星，可他走过的路更能给人以启迪。

史泰龙生长在一个酒赌暴力家庭，父亲赌输了就拿他和母亲撒气，母亲喝醉了酒又拿他来发泄，他常常是鼻青脸肿。

高中毕业后，史泰龙辍学在街头当起了混混儿，直到20岁那年，有一件偶然的事刺痛了他的心。再也不能这样下去了，要不就会跟父母一样，成为社会的垃圾，我一定要成功！

史泰龙开始思索规划自己的人生：从政，可能性几乎为零；进大公司，自己没有学历文凭和经验；经商，没有任何的资金。竟没有一个适合他的工作，他便想到了当演员，不要资本，不需名声，虽说当演员也要有条件和天赋，但他就是认准了当演员这条路！

于是，史泰龙来到好莱坞，找明星、求导演、找制片，寻找一切可能使他成为演员的人，四处哀求："给我一次机会吧。我一定能够成功！"可他得来的只是一次次的拒绝。

"世上没有做不成的事！我一定要成功！"史泰龙依旧痴心不改，一晃两年过去了，遭受到了1000多次的拒绝，身上的钱花光了，他便在好莱坞打工，做些粗重的零活以养活自己。

"我真的不是当演员的料吗？难道酒赌之家的孩子只能是酒鬼、赌鬼吗？不行，我一定要成功！"史泰龙暗自垂泪，失声痛哭。

"既然直接当不了演员，我能否改变一下方式呢？"史泰龙开始重新规划自己的人生道路，开始写起剧本来，两年多的耳濡目染，两年多的求职失败经历，现在的史泰龙已经不是过去的他了。

一年之后，剧本写出来了，史泰龙又拿着剧本四处遍访导演，"让我当男主角吧，我一定行！"

"剧本不错，当男主角，简直是天大的玩笑！"他又遭受了一次次的拒绝。"也许下一次就行！我一定能够成功！"一次次失望，一个个的希望又支撑着他！"我不知道你能否演好，但你的精神一次次地感动着我。我可以给你一次机会，但我要把你的剧本改编成电视连续剧，同时，先只拍一集，就让你当男主角，看看效果再说。如果效果不好，你便从此断绝这个念头吧！"在他遭遇1300多次拒绝后的一天，一个曾拒绝过他 20 多次的导演终于给了他一丝希望。

史泰龙经过 3 年多的准备，现在终于可以一展身手了，因此，他丝毫不敢懈怠，全身心地投入。第一集电视连续剧创下了当时全美最高收视纪录，最终，史泰龙成功了！

有人总将别人的成功归结于运气。诚然，是有那么一点点运气的成分，但运气这东西并不可靠，你见过哪一个英雄是完全依靠运气成功的？而执着，却能使成功成为必然！执着，就是要我们在确立合理目标以后，无论出现多少变故、无论面对多少艰难险阻，都不为所动，朝着自己的目标坚定不移地走下去。一个人若想好好生存，就需要这种忍耐与坚持。

◇ 梦想需要接近地气

有些欲望是自然的，另一些欲望则是无益的，苦恼或源于恐惧，或源于无益的毫无节制的欲望。然而，倘若一个人能克制欲望，他便为自己赢得了彻悟人生的至福，若是填补欲壑，纵然是万贯家财，所带来的也不是富有，而是贫困。你之所以困难重重，乃因为忘却天性，是你为自己设置了无穷的恐惧与欲望。与其锦衣玉食却忧心忡忡，不如粗茶淡饭却无忧无虑。

人有大志，固然值得肯定，但空想不是志向，只是白日做梦而已。生活中那些崇尚空想、脱离实际、好高骛远、志大才疏的人未免可怜可叹。

　　看过一篇报道：一个15岁的少年为了实现自己当歌星的"梦"，以割腕自杀为要挟逼迫父母拿钱出来送他去北京学音乐，继而离家出走，最后流落到收容站，彻底中断了学业。

　　有位邻居，四十几岁的模样，每天日出而歌，日落而息。与那个少年一样，多年以来他的心里始终藏着一个美丽的音乐梦，不同的是，这一路走来，他将自己的梦想融入到了平凡的生活中，在他洗漱完毕高歌那首《我的太阳》时，在他心里自己俨然就是帕瓦罗蒂。而少年，却已被自己的"梦想"所戕害。

　　还有一处很大的不同：中年男人的音乐梦只是为歌而歌；而少年，恐怕他的梦想并不在于艺术，而是明星身上那令人炫目的光环、粉丝那山呼海啸般的呐喊，以及随之而来的无边名利。

　　所幸，少年还只是少年，还有机会从黄粱梦中醒来，而又有多少人迷失已久，待迷途知返时，才知道，积重已然难返。

　　诚然，人往高处走，水往低处流，每个人都希望自己能迅速达到成功的最高峰，这是人之常情，无可厚非。可是理想再高远，如果不是踏踏实实、一步一个脚印地往前迈，那这个理想再美好，也不过是海市蜃楼，只能空想罢了。

　　从哲学的角度上说，梦想未必需要伟大，更与名利无关，它应该是心灵寄托出的一种美好，人们从中能够得到的，不只是形式上的愉悦，更是灵魂上的满足。

　　还记得多年前央视曾报道过一个陕北女人的故事。那个30岁的女人很小的时候就梦想着能够走出大山，像电视中那些职业女性一样去生活。可彼时的她，有疾病缠身的老公要照顾，有牙牙学语的孩子要抚养，这个家需要她来支撑。走出大山的梦，对于一个文化程度不高、家庭负担沉重的山里女人来说，不仅遥不可及，而且也不现实。

10年之后的这个女人，满脸都是骄傲和满足。不过，她并没有走出大山，而是在离村子几十公里的县城做了一名销售员。成为都市白领的梦想，恐怕这一生都无法实现了，但取而代之的却是更贴近生活、更具现实感的圆梦的风景——她终于看到了山外的风景，也终于有了自强自立的平台。

很多时候，我们无法改变所处的客观环境，但可以改变自己，可以变通自己的思维方式和价值观念。只有敢于改变自己，不断接受新的挑战的人，才能从一个成功走向另一个成功，从一个辉煌走向另一个辉煌。有时候，一个人纵然有浩然气魄，却脱离了生活的实际，那么他的梦想也不过就是美梦一场。

梦想就像那高高飞起的风筝，你可以把它放得很高，但不要让它脱离你的掌控，有时还要尽可能地拉回奢望的线，让梦想接点地气，具有踏踏实实的烟火感。这样的人生才更具有生气和活力，这样的梦想才能得到实现的机遇。

二、是什么，让路越走越难

◇ 未能完成的设计

人生中最可悲的一句话就是：我当时真应该那么做，但我没有那么做。

走过的路多了便会发现，谁在那里浮想联翩？谁在那里游乐无度？无所事事地度过今天，就等于放弃了明天，懒汉永远不可能获得成功，没有机遇是失败者不能成功的借口。

理想不是想象，成功最害怕空想。要想成就人生，就必须干起来。躺在地上等机遇永远不会成功，因为机遇早已从头顶飘过。那些成功者都是个不折不扣的实干家。纵观他们的生平处世，不仅积累了具体事情亲身入局的办法，更体验到了天下大事需积极出面入局的意义。

相反，很多人的想法颇多，但大多只是空想，结果反而一事无成。这种弱点经常在喜欢冒险的人身上发现，这些冒险者发达起来时，简直就像希腊神话中点石成金的米达斯，无论做什么生意都赚钱。他们自己和别人都相信他们会一直飞黄腾达下去。而问题却往往出在当他们垮下去的时候。

有个人，偶然的机会捡到一只鸡蛋，回家高兴地跟老婆筹划：要将蛋孵出小鸡，小鸡若是母鸡长大后就会生蛋，这样一年后就会有300只蛋，300只蛋又能孵出300只鸡，这样鸡生蛋、蛋孵鸡，再过几年就可以用卖鸡卖蛋所赚来的钱，去买十头牛——当然是母牛了，母牛生牛犊、牛犊长大再生牛……这下就会发财了，他讲到这里高兴至极，居然还说要用这笔钱讨个小老婆，谁料老婆一气之下，一巴掌把那鸡蛋给打碎了。

任何梦想，若只想，则易灭！想象着天上掉馅饼无疑是可笑的。有些人总是考虑他的那些"假若如何如何"，所以总是因故拖延，总是没有行动起来。总是谈论自己"可能已经办成什么事情"的人，不是进取者，也不是成功者，只是空谈家。

这个世界总是为那些有目的的人准备着路径的。如果一个人有目标、有梦想，晓得他自己是向着何处前进，那么，他就比那些游荡不定、不知所从的人将更有成就。

某广告公司招聘设计主管，薪水非常优厚，求职者甚众。几经考核，10位优秀者脱颖而出，汇聚到了总经理办公室，进行最后一轮角逐。

老总指着办公室里两个并排放置的高大铁柜，为应聘者出了考题：请回去设计一个最佳方案，不搬动外边的铁柜，不借助外援，一个普通的员工如何把里面那个铁柜搬出办公室。

望着据说每个起码能有500多斤的铁柜，10位精于广告设计的应聘者先是面面相觑，思考着为什么出此怪题，再看老总那一脸的认真，他们开始仔细地打量那个纹丝不动的铁柜。毫无疑问，这是一道非常棘手的难题。

三天后，9位应聘者交上了自己绞尽脑汁的设计方案：杠杆、滑轮、分割……但老总对这些似乎很可行的设计方案根本不在意，只随手翻翻，便放到了一边。这时，最后一位应聘者两手空空地进来了，她是一个看似很弱小的女孩，只见她径直走到里面那个铁柜跟前，轻轻一拽柜门上的拉手，那个铁柜竟被拉了出来——原来那个柜子是超轻化工材料做的，只是外面喷涂了一层与其他铁柜一模一样的油漆，其重量不过几十斤，她很轻松地就将其搬出了办公室。

这时，老总微笑着对众人说："大家看到了，这位未来的员工设计的方案才是最佳的——她懂得再好的设计，最后都要落实到行动上。"

很多人在风华已过时不无懊恼——"如果当年怎样怎样，早就飞黄腾达了！"的确，一个伟大的目标胎死腹中，令人叹息不已，永远无法忘怀，然而，这又怪得了谁？人格与尊严是自己干出来的，空想只会通向平庸，而绝不是成功。

所以，若想做成一件事，就要先入局。在实践中充实自己、展现自己的才能，将该做的事情做好，证明自身的价值，如此你才能得到别人的认可。

要知道，那些成功人士都是一点点干起来的。当他们一文不名时，就已经为自己立下了大志，并且愿意为自己的理想付出。他们脚踏实地地干，舍生忘死地拼，矢志不渝地搏，于是才有了后来的风光无限。这就是实干家与空想家的区别。而我们若能认识到这一点，那么就立即划清梦想与空想的界限，脚踏实地、一步一个脚印地实现自己的梦想。

现在回忆一下，几年前你是不是就在想，几年后的自己会是什么样子、将过什么样的生活呢、住什么样的房子、开什么样的车子、娶什么样的女子……然而几年后的今天，扪心自问，当初你对自己所做的承诺兑现了几项？你为自己的设想付出足够的行动了吗？假如没有的话，请再想一想，几年后，你又会是什么样子？

你在路上停留，几年的时间转眼即逝，可时光却永远不会为你而停留。

✧ 进步路上的绊脚石

曾听过这样一个笑话：

某人问："你怎样评价莎士比亚？"

甲说："还可以，只是口感不如'XO'。"

乙反驳道："喂！你不要不懂装懂！莎士比亚是一种甜品，怎么被你说成酒了！"

莎翁，何许人也！竟被拿来与食品相提并论，可怜他一代文坛泰斗，若闻听此言，恐怕再也难瞑目了。这个笑话真的令人啼笑皆非，寥寥数语，满含哲理。它告诫我们：知道就是知道，不知道就是不知道，不要不懂装懂。

不懂就不懂，为何要装懂呢？细思之，但凡带此陋习者一般原因有二：一是肚中本来没有多少知识，一旦被人问住，想回答"不知道"，但是又怕自己丢面子，所以只好不懂装懂，信口胡诌，答非所问，敷衍了事，从而得以脱身；二是自己的能耐不大，但是却耐不住寂寞，于是就开始在人前人后"打肿脸充胖子"，摆出一副博古通今的架势，张嘴就是"张飞打岳飞，打得满天飞"，专门吓唬那些学识浅薄的人，从而借以扬名。

说到底，不懂装懂其实就是自欺欺人，更是一个人在求知过程中对待缺点和不足的一种遮掩。

其实，我们每个人都不可能对任何事情精通于心，必然有很多需要弥补和学习的地方。而不懂装懂就好像是给不足之处盖上了一块遮羞布，施了个障眼法，暂时挡住了别人的视线，让自己能够苟延残喘。殊不知，等到真相大白的那一天，不懂装懂的人终究是要为自己的无知付出代价的。

不懂装懂不仅无用，反而有害。汉代鸿儒董仲舒曾写道："君子不隐其短，不知则问，不能则学。"所谓"不隐其短"就是要敢于承认自己的不足，敢于解剖自己。"不知则问"就是让自己少几分羞涩与虚伪，多几分坦诚与谦虚。"不能则学"就是要学习自己原来不明白的东西，弥补缺陷，不断充实自己，成为一个有真才实学的人。

求知最忌讳的就是自欺欺人，不懂装懂。如果只是为了读书获得知识，这种"自欺欺人"还只不过是害己而已，没有什么大碍。但如果让这种人当企业领导，那就不是害己的问题了，可谓是"小则害己害人，大则毁掉企业。"为此，对于我们而言，绝不要低估了不懂装懂的危害。因为它完全可能让一个人的品质转变，堕落成为一种社会公害，可谓是贻害无穷。

✧ 抱着文凭睡懒觉

很多人都抱有"文凭至上"的误念,事实上文凭或许能够成为步入职场的"敲门砖",但它绝不是社会进步的推动力,社会需要的是那些德才兼备、有知识更有能力的人。仅凭镀金的文凭不足以将人推向成功,没有货真价实的本领,一样会被竞争所淘汰。

曾几何时,社会上流行"考证热"。想找一份好工作怎么办?容易!拿下学位证、英语等级证、计算机等级证,以及各类资格证书,因为在那时,证书越多就代表你越有才干。

报纸上曾有过这样一篇报道:某名牌大学高才生,在学校里是个"十项全能"的风云人物,各种证书装了满满一抽屉。但天有不测风云,就在他毕业前夕,一场意外之火烧掉了他的全部家当。他自信能力过人,也就没有急着补办证书,只是请老师开了一个证明。没想到,招聘会一开始他就吃了大亏——各家企业对他才情并茂的自荐信根本不屑一顾,却一再追问他拥有什么证书,尽管他亮出了学校的证明,但最后,对方还是客气地请他走人了。眼看同学们都找到了不错的工作,只有自己毫无着落,他心急如焚——哎!真是"企业大门朝南开,有才无证莫进来"!最后,此君还是在拿到补办的各种证书以后,才找到一份工作。

时过境迁,今时今日各企事业单位已然理智了很多。这是因为,他们先前所招聘的"高文凭者",大多眼高手低,只挑高管职位,却没有实干能力,给企业造成了很大负担。于是,现在的企事业单位越来越重视能力了。

"拥有哈佛学位,在世界任何一个地方都能混得开"——不少怀揣"哈佛梦"的人都这样认为。那么,哈佛到底有多神?哈佛学子真能个个成功?哈佛的理念真能在中国的土壤上生根发芽吗?未必如此。拥有哈佛文凭却没有能力,有时连工作都难找到的人,其实也并不少见。

汉斯毕业于哈佛大学,在校时他的成绩出类拔萃,财务、会计等课程门门优秀,投资银行很需要这样的人才,而他也希望能够进入金融领域工作。但先后几次面试,他却一一败下阵来。在学校,他确实是个首屈一指的优等生,但不知为何,偏偏在面试时怯场,哈佛的口才培训课程,看上去在他身上并未起到良好的作用。更恼人的是,甚至连那些成绩一般的学生都可以录用的二流企业,也对其置之不理。最后,他准备的面试公司名单上,就只剩下了一家地方企业。由于连续的挫败,汉斯饱受打击,他消极地想:我的大学时代就是在这个城市近郊度过的,回到这里有什么不好?

面试开始以后,汉斯感受到一种前所未有的好气氛——面试官是一位平易近人的年轻人,而且毕业院校与自己的母校有着良好关系,所以二人谈得非常融洽。汉斯心想:这次应该没问题了吧!

然而,当面试官问道:"你希望加入我们公司,其出发点是什么"时,汉斯懵了。

说实话,他原本没想到会来这最后一家候选公司面试,所以准备很不充分,对该公司的情况知之甚少。慌乱之中,他只能把有关投资银行的知识拿出来应付场面,毫无疑问,这又犯了一个致命错误。他的话音刚落,面试官便默默站起身来,打开房门,做出一个"请"的手势:"对不起,我们公司可不是投资银行,以前不是,现在不是,将来也不打算成为投资银行。不过你的发言还真让我吃了一惊。迄今为止，把我们与投资银行搞混的人，你还是第一个。请记住，我们公司是美国屈指可数的几家资产管理公司之一，真不知你是怎么从哈佛毕业的。"走出该公司很长时间，面试官的话依然在汉斯耳边回荡着……

与汉斯拥有相似遭遇的哈佛毕业生不在少数，他们往往也能找到一份属于自己的工作，但绝不是人们想象中那样，依靠着哈佛的毕业证书，而是凭借着他们自身的出色能力。

能力才是生存的最佳保障。随着社会的发展、竞争的日趋激烈，那些不思进取，只知"抱着文凭睡懒觉"的无能之辈，迟早会被社会所淘汰。所以，若想在人生之中处于不败之地，从现在开始你必须正视自己，摒除"文凭就是一切"的错误观念，用行动为自己充电，用能力来为自己加分。

✧ 高看了的自己

每个人或多或少都有引以为傲的地方，这就容易产生高高在上的心理。如果一个人总是高看自己，狂妄张扬，那么必将一事无成。

他们是两兄弟，一个是画家，另一个是医生。那位画家自以为是个天才，他骄傲而且固执，浮夸自负。他瞧不起自己的哥哥，认为他是个市侩和感情用事的人。不过他自己却一点钱也赚不到，要是没有哥哥周济他，他早饿死了。

奇怪的是：尽管他画了很多的画，举办个人画展，但每次只能卖掉两幅，从未超过此数。有人劝他改行，他却坚信自己有天分，绝对不能放弃。

后来，医生去世了，他把自己的一切留给了他弟弟。那画家在医生的家里发现了25年来被无名主顾买去的全部油画，最初他无法理解，经过一番考虑之后，他作出了如此解释：那狡猾的家伙想做一本万利的投资呢？

一个人只有正确认识自己，才不会固执，因为越是不能客观评价自己的人，越容易自以为是，自己总是以自己的想法去证明自己是对的。结果，适得其反。同时，固执的人还要正确看待他人，只有正确看待别人，才不会因为别人某时某地一时的表现而对他持不全面的看法。要增强自己的耐性，以开阔的心胸包容所有事物，多与不同性格、爱好的人接触，学习接受他人的长处，不要一味地坚持自己固有的观念，尺有所短，寸有所长，取长补短，方能完善自己的人生。不要总是要求别人按照自己的意见去做，对于善意的批评，要有接受的勇气，利用别人的批评，反省一下自己的所作所为，对于有益的建议，更要虚心接受。

谦虚低调，不肆意轻狂，对于实现自己的人生价值将不无裨益。有时将自己看得低一点，谈不上是自卑，也不是怯懦，而是一种智慧、一种清醒。一个人真正的智慧之处，就在于他能够认识到自己也有渺小的一面。

法国电影明星洛依德有一次去修车，一名女工接待了他，女工长得很漂亮，车修得也很好。这一切都吸引了洛依德，他想进一步和她接触，便说："你喜欢看电影吗？""当然喜欢，我是个影迷。"女工回答。"好了，先生，你可以开走了。"女工又说。洛依德却依依不舍地说:"小姐,您可以陪我去兜兜风吗?""不,我还有工作!"女工拒绝了他。洛依德依然不死心,他再次问道:"既然你喜欢看电影,那你知道我是谁吗?""当然知道,您一来我就认出您是阿列克斯·洛依德。"女工平静地回答。"既然如此,您为何对我这样冷淡?"洛依德问。"不!您错了,我没有冷淡。您有您的成就,我有我的工作。您来修车是我的顾客,如果您不再是明星了,再来修车,我也会一样地接待您。人与人之间不应该是这样吗?"女工的一席话使洛依德的心灵受到极大的震动,他开始反思自己,身为万众追捧的影帝,他在这个普通女工面前感到了自己的浅薄和虚妄。

有的时候,真的别太把自己当回事儿。我们所看重的那个人,对于别人,可以是珠宝,也可以是没有价值的瓦砾。我们不能期望别人眼里的自己会光芒四射,那样会令自己失望。总而言之,别让自己变得太过固执,常常告诫自己:一时的看法,不一定适用于所有时候,不要完全地、无条件地相信自己的第一感觉。第一感觉毕竟是不全面的,要学会变得灵活一点,人生旅途中有那么多美好的东西,只有控制和摒除了固执的人才能享受它!

◇ 拉不断的铁链

大象能用鼻子轻松地将一吨重的行李卷起来,但我们在看马戏表演时却发现,一根小木桩就可以轻松地拴住这么巨大的动物。因为它们自幼小无力时开始，就被沉重的铁链拴在固定的铁桩上，当时不管它用多大的力气去拉都无法挣脱束缚，这铁桩对幼象而言是太沉重的东西。后来，幼象长大了，力气也增加了，但只要身边有桩，它总是不敢妄动。

这就是定势思维产生的巨大影响造成的。长大后的象其实可以轻易将铁链拉断，但因幼时的经验一直存留至长大，它习惯性地认为铁链"绝对拉不断"，所以不再去拉扯。

那么，人类又比大象高明多少呢？人类也因未摆脱"墨守成规"的偏差想法，只以常识性、否定性的眼光来看事物，不敢有所突破，终于白白浪费掉大好良机。

在印度洋，一艘远洋海轮不幸触礁，沉没在汪洋大海里，幸存下来的11位船员拼死登上一座孤岛，才得以幸存下来。

但接下来的情形更加糟糕，岛上除了石头还是石头，没有任何可以用来充饥的东西，更为要命的是，在烈日的暴晒下，每个人都口渴得冒烟，水成为最珍贵的东西。

尽管四周是水——海水，可谁都知道，海水又苦又涩又咸，根本不能用来解渴。当时11个人唯一的生存希望是下雨或别的过往船只发现他们。

几天过去了，没有任何下雨的迹象，他们的周围除了海水还是一望无边的海水，没有任何船只经过这个岛。渐渐地，10个船员支撑不下去了，他们纷纷渴死在孤岛。

当最后一位船员快要渴死的时候，他实在忍受不住了，扑进海水里，"咕咕嘟嘟"地喝了一肚子。船员喝完海水，一点儿觉不出海水的苦涩味，相反觉得这海水又甘甜、又解渴。他想：也许这是自己临死前的幻觉吧，便静静地躺在岛上，等待着死神的降临。

他睡了一觉，醒来后发现自己还活着。船员非常奇怪，于是他每天靠喝这岛边的海水度日，终于等来了救援的船只。

当人们化验这水时发现，由于有地下泉水的不断翻涌，实际上，这里的海水是可口的泉水。

人们总是以常识性、否定性的眼光来看事物，这也就是所谓的定势思维。在这个故事中，这些船员因为有了"海水是咸的"的认知，于是直到渴死也没有试着用海水去解渴，如果不是最后那位船员"冒险"喝了几口海水，那么可能永远都不会有人知道岛边的"海水"其实是甘甜的。

当然，我们不能全盘否定思维定式的作用，事实上它也有其积极的一面，要想对思维定式与创新思维之间的关系有一个准确的把握，我们就要从思维定式的本质说起。

所谓思维定式，就是个体通过不断学习和实践累积下来的、对世界的客观的认识和认知，是由主体头脑当中一些起基础性作用的、影响深远的要素——知识、经验、观念、方法所产生，它会因为我们学习和实践的深入而变化、发展，但却不那么容易摆脱，甚至可以说，主体无法摆脱思维定式，因为它与主体的知识、经验、观念、方法同生同在。刚刚出生的婴儿不存在思维定式，但也因此没有思考的能力。

思维定式有它积极的一面，它可以帮助个体省去许多摸索、试探的步骤，缩短个体思考时间，提高个体做事效率。在日常生活中，思维定式可以帮助人们解决掉每天碰到的90%以上的问题。但遗憾的是，它的确不利于创新思考，不利于创造活动。它容易使个体产生思想上的惰性，养成一种呆板、机械、墨守成规的思考习惯。当新旧问题外表相似、实质存异时，它往往会诱使个体进入思考的误区。

当年，一位成功学大师应邀到一所大学为即将毕业的学生们开励志讲座。结果，这位大师什么也没讲，只给每个学生发了一张试卷，偌大的试卷上只有一道题：装满水的浴缸，旁边放一把汤匙和一把舀勺，要求把浴缸清空，你选择的方法是什么？

台下议论纷纷，不少人甚至面露鄙夷与不屑。很快，试卷都收集上来了，大师还是一言不发，也不管下面乱哄哄的嘈杂之声，只是默默地一张张翻看着试卷，但表情始终淡漠。

大约5分钟后，他示意大家安静，然后郑重宣布："其实，答案很简单，只需直接把浴缸底部的塞子拔掉就可以了！"会场里顿时一片哗然，几乎所有的人都傻眼了，因为他们都不假思索地选择了用舀勺去清空浴缸，毕竟，舀勺理所当然比汤匙大多了。

沉默片刻后，大师终于面露一丝喜色，说："值得庆幸的是，有一个人答对了，恭喜你！"大家面面相觑，不知道是谁？但还是报以了雷鸣般的掌声。

这个唯一写出正确答案的人，就是后来匈牙利著名的物理学家卡恩·瑞成森。

很多时候，对于成功者而言，方法就是新的世界，成功最重要的因素并不是知识，而是思维。那些头脑呆板、固守教条的人，最后往往难逃厄运。人类的生存环境变得越来越不可预期、不可想象、不可理解，我们随时都有可能撞上走不出去的"玻璃墙"。倘若在不断变化的外部环境和自身状况面前一味套用以往的成功经验，是极其愚蠢的。车轱辘往后转，人要向前看！不要习惯性地认为以前的"正确"，一直就都"正确"，很多事情必须要在尝试以后才能得出结论。解决问题的方法有很多，只要在法律、人伦允许的范畴内，能让自己的人生取得成功，那就是"正道"。在这个瞬息万变的世界中，如果你想好好生存，就必须打破教条式的思维。

◇ 路要一步一步走

年轻时，我们喜欢抱怨上天不公，抱怨自己怀才不遇，未能人尽其才，甚至因此不思进取、自暴自弃，最终沦为时代的淘汰品。俗话说得好，"三百六十行，行行出状元"，为什么一块普通铁块，在某些铁匠手中能够成为将军手中的利刃，而在另一些铁匠手中，只能成为农夫手中的锄犁？答案很简单，前者精于本业，不断锤炼自己的专业技能，后者不思进取，只求草草谋生。

当走过那些路以后我们或许才能发现，与其抱怨别人不重视我们，不如反省自己，不断提高自己的能力。倘若能够在自己所处的领域中，以饱满的热情、以一丝不苟的态度、以不断进取的精神，去迎接看似枯燥乏味的事业，就一定能够实现自己的人生价值，一定能够获得荣耀与肯定。

多年以前，一位大学生被派往新斯科舍省进行勘测。这片土地非常贫瘠，到处是花岗岩和鹅卵石，开展工作时只能完全依靠徒步行走。这里几乎没有肥沃的土地和珍贵木材，乍看上去，它根本不值得人们如此艰辛地加以勘探，因为似乎没有什么发展前景可言。很显然，这位青年面临着一系列考验，但他始终秉持原则，尽最大的努力去从事这项工作。

即使在10年以前，调查所及的1550平方英里的范围内，也不过居住了 26 个人而已。此后不久，人们在这里发现了黄金，这个重要矿脉线索使人们认识到，要想成功地找到黄金，需要调查人员做出精确的勘测。后来，专家们在青年人已经取得的成果上继续勘探，他们不断、反复地试验，以确定黄金矿脉的准确位置。在他们非常细心地完成这份工作以后，政府最优秀的勘测员宣布——我们已经没有必要再进行这项工作了，因为那位青年人在这一方面所做出的每一个结论，都达到了最高水平。

想知道这位年轻大学生细心调查完"新斯科舍"后的人生经历吗？他就是威廉·道森，如今蒙特利尔市麦吉尔大学的教授。因为精心于自己的工作，他的人生取得了极大成功。

要完成某项工作，需要的是技术；而要努力使它变得完美，则是一门艺术。

要想做好，就要做到善始善终。要完成一项有价值的工作，就得花很长的时间，付出很大的努力。只有对工作用心负责，一个普通工人也能变为专家。不管是对于老板，还是对于普通职员来说，都应该忠于职守，高效地完成本职工作，尽自己的最大努力把它做好。

一个人若是马马虎虎、三心二意地面对人生，那么他就会被人生所抛弃。社会要求我们把事情做得更好。当更有才华的人出现之后，那些懒散、敷衍了事、心不在焉的人，就只能被淘汰。尽力而为，这是世界对于我们的期望，这是社会对于我们的要求，这是我们对自身的忠诚。

无论处于何种境地，无论所从事的事业多么琐碎，一旦承担下来，就要把它做精、做好，这是生存的准则。要知道，只有在小事上细心勤勉的人，才能被委以重任；只有竭尽全力投身于工作之中，不断超越、完善自身能力的人，才能够有所成就，才能够进一步发展和提升自己。

人的力量和才能，只有在不断地运用中才能得到发展。如果只付出了一半的努力，并就此满足，那么就浪费了另一半才能。如果认为自己完全可以从事更重要的工作，而现阶段的工作又微不足道，那么完全不必为此感到伤心和烦躁。要知道，如果具备非凡的才能和卓越的品质，不管地位多么卑微，终有一天会出人头地。

✧ 视而不见的苹果

一个偶然的机遇，可以改变人的一生，但如果忽略机遇的重要性，就只能被它遗弃。那些欲成大事而又有大志的人，总是竭尽所能去寻找、发现、追求机遇，他们会为迎接机遇做好充足的准备，将自己打造成一块吸引机遇的磁石。这样，当机遇不期而至之时，他们才有把握一跃而起，紧紧地抓住机遇。

而有些人总是与机遇无缘，其实是缺乏对机遇的足够重视，机遇只偏爱有准备的头脑，能否抓住机遇、把握机遇、利用机遇，关键在于人们的准备，在于人们知识文化思想心理等多方面的准备，在于勤奋努力。现实生活中有些人总是坐着等机遇，躺着喊机遇，睡着梦机遇，殊不知，如果这样，机遇就会像满天星斗，可望而不可即，即使机遇真的来到身边，也发现不了，更不用说去捕捉和利用了。

或许在牛顿之前，很多人都曾被苹果砸到过，但为什么没有人发现万有引力？或许下面这个故事能说明点什么。

埃文斯一生碌碌无为，死后去上帝那里报到。上帝很不高兴，因为埃文斯的履历实在太空白了，上帝问埃文斯说："你在人间足足活了60多年，怎么一点儿作为都没有？"埃文斯对上帝的指责有些不服气，他辩解说："我之所以这样没出息，是因为你没有给我机会。如果让那个苹果砸到我的头上，那发现万有引力定律的人就是我了，哪还有牛顿什么事！"上帝回答说："上帝是公平的，我给每个人的机会都是一样的，你之所以这样，是因为你自己没有抓住机会。"

　　只见上帝把手一挥，时间一下回到了几十年前的那个苹果园。埃文斯正在一棵苹果树下打盹儿，这时上帝来了，只见他摇动苹果树，一个苹果正好落在埃文斯的头上。埃文斯一下惊醒，然后捡起苹果往身上蹭了蹭，就开始大嚼起来。上帝又摇动苹果树，一个大苹果又落在埃文斯头上，埃文斯也不客气，张口又把它吃掉了。上帝再摇苹果树，一个又红又大的苹果又落在埃文斯的头上。这下埃文斯可不干了，他一脚将苹果狠狠地踢出去老远，并大声咒骂："你这该死的苹果，搅了我的好梦！"

　　只见那个被埃文斯踢飞的苹果落到牛顿的头上，一下将牛顿从睡梦中惊醒，牛顿捡起这个苹果，陷入了思索。突然他高兴地大叫起来："就是这样！"万有引力定律就这样诞生了。

　　时光又回到现在，上帝对埃文斯说："你现在还有什么好说的？"埃文斯哀求道："请再给我一次机会吧！"上帝摇了摇头说："只知道自怨自艾的人，永远也抓不住改变命运的机会……"

　　其实上帝对待每个人都是公平的，只要我们肯用心，肯坚持去发掘机遇，每个人都会遇到自己的"苹果"，可遗憾的是，很多人只把"苹果"当苹果，生活中除了抱怨还是抱怨，那么即使给你100次机会，你也未必抓得住，而那些改变命运的机会就这样被你白白错过。

　　其实，机会也有"怪癖"，也很"懒惰"，它绝不肯浪费精力去寻找那些守株待兔、坐享其成的人；换言之，那些一心想要改变自己的人生、常常忙得焦头烂额、四处寻找机遇的人，往往更容易得到机遇的垂青。若以"常理"推论，机遇似乎更应属于那些有时间、有精力的人，但事实却恰恰相反，天生的"怪癖"使它情愿为那些正在筹备梦想、忙于计划的人而现身。机遇是一种"灵物"，它双眼雪亮、行动迅速，它会主动找到那些愿意迎接机会的人；机遇是一种意念，它只存在于那些认清机会的人心中。

　　机遇带有一层神秘面纱，但绝非无法参透和洞悉。聪明人更善于一边经营生活、经营人生、经营家庭，一边捕捉身边的每一条信息，寻找足以令自己去飞跃或成功的机遇。若是时机尚未成熟，他便暗蓄力量、厚积薄发，低调营造着自己的生活；可一旦时机成熟，他们必然会牢牢抓住机遇，顺势而上，将自己的人生、事业推向巅峰。

　　机遇并不是公交车，它不会定时来到你身边，它需要你认真地准备和刻意去追求。"我没有机会"——这永远只是失败者的托词。

✧ 谁又在把自己当成二等公民

　　不少人陷入自卑之中，却不知自卑的心态就像毒蛇一样啃噬着心灵，它不仅吸食心灵的新鲜血液，让人失去生存的勇气，还在其中注入厌世和绝望的毒液，最后让健康的机体死于非命。在人生崎岖的道路上，自卑这条毒蛇随时都会悄然地出现，尤其是当我们劳累、困乏、迷惑时，更要加倍警惕。

其实谁都曾自卑过，偶尔短时间地滑入自卑的状态是很正常的现象，但长期处于自卑之中就会酿成一场灾难。自卑的根源在于过分低估自己或否定自我，过分重视他人的意见，并将他人看得过于高大而把自我看得过于卑微。只有控制住这种心态，我们才敢于积极进取，才能够成为一个有主动创造精神的人；才能够开拓事业的新局面，为成功打下坚实的基础；也才会有积极的人生态度，活得开朗、开心；才会勇于承担责任，成为一个有责任心的人；才会在平时积极思考；才会积极跨越各种各样的障碍，成为一个不怕困难的人；才会积极主动地去结交新朋友，改善和老朋友的关系。

自卑所造成的问题是：不论你有多么成功，或是你有多么能干，你总是想证明自己是否真的多才多艺。换言之，很多人都倾向于为自己设定一个形象，而不肯承认真正的自我是什么样子。举个例子说明一下，如果你一直希望自己成为特别苗条的人，总是担心自己瘦不下来，每次在量腰围时你就会担心，而完全忘了你的身体正处在最佳的健康状态。也就是说，你总是把自己认为的劣势放在脑子里，提醒自己有这样那样的不足，并把这些不足与他人的优势相比较。因而，越比越觉得自己不如他人，越比越觉得自己无地自容，从而忽略了自身的优势，打击了自信心。

假如你被自卑所控制，那么，你在自我形象的评价上会毫不怜悯地贬低自己，不敢伸张自我的欲望，不敢在他人面前表述自己的观点，不敢向他人表白自己的爱情，行为上不敢挥洒自如，总是显得很拘谨畏缩。同时，对外界、对他人，特别是对陌生环境与生人，心存一种畏惧。出于一种本能的自我保护，便会与自己畏惧的东西隔离和疏远，这样便将自己囚禁在一个孤独的城堡之中了。假如说别的消极情绪可以使一个人在前进路上暂时偏离目标或减缓成功的速度，那么一个长期处于自卑状态的人根本就不可能有成功的希望，甚至已有的成绩也不能唤起他们的喜悦、兴奋和信心，只是一味地沉浸在自己失败的体验里不能自拔，对什么都不感兴趣，对什么都没有信心，不愿走入人群，拒绝与别人接近。

世界上大多数不能走出生存困境的人，都是由于对自己信心不足，他们就像一棵脆弱的小草一样，毫无信心去经历风雨，这就是一种可怕的自卑心理。

自卑者习惯妄自菲薄，总是感觉己不如人，这种情绪一直纠结于心，结果丧失了原有的人生乐趣，烦恼、忧愁、失落、焦虑纷沓而至；自卑者无论是对工作还是对生活，都提不起兴趣，他们万念俱灰，失去了斗志，失去了进取的勇气；自卑者一旦遭遇挫折，更是怨天尤人、自怨自艾，一味指责命运的不公；自卑者格外敏感，缺乏宽广的胸怀，往往别人一个不经意的举动，就会挫伤他们的神经，以为别人在轻视自己、在侮辱自己。遗憾的是，他们从未仔细想想——你都看不起自己，为何还要求别人高看你？

也许很多人会说："我相信自己！"那么你真的相信自己吗？当困难、挫折、讽刺、白眼接踵而至之时，你真的能够做到无动于衷、固守着心中的自信吗？事实上，很多人都做不到。诚然，每个人都有失意之时。那么，当我们感到痛苦、感到困惑、感到失望时，我们何不唤起潜在的力量，不低头、不抛弃、不放弃、不卑不亢地挑战痛苦根源，将痛苦转化为一种动力，让失意变成快意，用行动去赢得别人的尊重呢？

几年前，斯蒂芬·阿尔法经营的是小本农具买卖。他过着平凡而又体面的生活，但并不理想。他一家的房子太小，也没有钱买他们想要的东西。阿尔法的妻子并没有抱怨，很显然，她只是安于天命而并不幸福。

但阿尔法的内心深处变得越来越不满。当他意识到爱妻和他的两个孩子并没有过上好日子的时候，心里就感到深深地刺痛。

但是今天，一切都有了极大的变化。现在，阿尔法有了一所占地2英亩的漂亮新家。他和妻子再也不用担心能否送他们的孩子上一所好的大学了，他的妻子在花钱买衣服的时候也不再有那种犯罪的感觉了。下一年夏天，他们全家将去欧洲度假。阿尔法过上了真正幸福的生活。

阿尔法说："这一切的发生，是因为我利用了信念的力量。5年以前，我听说在底特律有一个经营农具的工作。那时，我们还住在克利夫兰。我决定试试，希望能多挣一点钱。我到达底特律的时间是星期天的早晨，但公司与我面谈还得等到星期一。晚饭后，我坐在旅馆里静思冥想，突然觉得自己是多么的可憎。'这到底是为什么！'我问自己'失败为什么总属于我呢？'"

阿尔法不知道那天是什么促使他做了这样一件事：他取了一张旅馆的信笺，写下几个他非常熟悉的、在近几年内远远超过他的人的名字。他们取得了更多的权利和工作职责。其中两个原是邻近的农场主，现已搬到更好的边远地区去了；其他两位阿尔法曾经为他们工作过；最后一位则是他的妹夫。

阿尔法问自己：什么是这5位朋友拥有的优势呢？他把自己的智力与他们做了一个比较，阿尔法觉得他们并不比自己更聪明；而他们所受的教育，他们的正直，个人习性等，也并不拥有任何优势。终于，阿尔法想到了另一个成功的因素，即主动性。阿尔法不得不承认，他的朋友们在这点上胜他一筹。

当时已快深夜3点钟了，但阿尔法的脑子却还十分清醒。他第一次发现了自己的弱点。他深深地剖析自己，发现缺少主动性是因为在内心深处，他并不看重自己。

阿尔法坐着度过了残夜，回忆着过去的一切。从他记事起，阿尔法便缺乏自信心，他发现过去的自己总是在自寻烦恼，自己总对自己说不行，不行，不行！他总在表现自己的短处，几乎他所做的一切都表现出了这种自我贬值。

终于阿尔法明白了：如果自己都不信任自己的话，那么将没有人信任你！

于是，阿尔法做出了决定："我一直都是把自己当成一个二等公民，从今后，我再也不这样想了。"

第二天上午，阿尔法仍保持着那种自信心。他暗暗决定以这次与公司的面谈作为对自己自信心的第一次考验。在昨夜之前，阿尔法希望自己有勇气提出比原来工资高 750 美元甚至 1000 美元的要求。但经过这次自我反省后，阿尔法认识到了他的自我价值，因而把这个目标提到了 3500 美元。

结果，阿尔法达到了目的。他获得了成功。

世界上许多困难的事情都是由那些自信心十足的人完成的。如果你有了强大的自信，成功离你就近了。

战胜自卑的过程，其实就是磨炼心志、超越自我的过程。逆境之中，如果你一味抱怨命运，认为自己是最不幸的那一个，那么你永远也无法解除自卑的诅咒。想要消除自卑，就要以一种客观、平和的心态看待自己，不要一直盯着自己的短处看，因为越是如此，自卑的阴影就会越加阴郁。想要战胜自卑，就不要理会别人的评价，只要认为自己没错，那就矢志不渝地走下去。你要做的，是用自己的能力、用自己的信心证明给别人看：我是优秀的！若做不到这些，若依旧对自卑恋恋不舍，那你就别指望别人高看你！

◇ 相信自己

年龄一天比一天大，面对的挑战也会一天比一天多，这时候每个人心里多少都会有一些小担心，生怕自己经受不住考验，也正是因为这个原因，当自己面临挫败的时候，很多人都会一脸茫然。其实这只不过是一个成长的过程，是你从稚嫩走向成熟的转变，在这种转变中你必须学会自信，因为只有成为自信的人，你才能向世界证明自己的实力，才能告诉别人："我是最优秀的。"

我们每天都要面对这样那样的问题和挑战，不论是工作上的还是生活上的，有的人面对这些事情的时候总是一脸无助的表情，而有些人却能从中找到属于自己的成就感，这就是一种自信的表现。在这个充满竞争的世界里，想拥有自己的一席之地并非一件容易的事情，要想在这场争夺赛中取得成功，我们首先就要拥有十足的信心，相信自己通过努力一定可以成功，即便不是现在，但至少胜利的那一天也不会太遥远。

遥想自己当年，我们也是心怀梦想的阳光少年，那份叛逆，那股闯劲儿至今还记忆犹新，然而当年龄一天天地增长了，有棱有角的自己慢慢地在时间的磨砺下变得圆滑，那种曾经的自信似乎在不知不觉中消散了，有的人说："我只希望自己和家人都能够平平安安，快快乐乐就好。"但是你有没有想过，平安应该怎样保持？快乐又该怎样保鲜？当我们心底的声音越来越小，当我们将理想和自信送进坟墓，整个生活都将因此而黯淡下来，人生还有什么意义呢？

很多人不成功，找起原因来总会有十条八条，其中"致命的"就一条：是你自己认为自己不行。比如说，领导派你去开展一项新业务，你第一句话就是："我能行吗？"于是当你对自己产生怀疑的时候，别人也就因此对你产生了怀疑。于是你越来越自卑，越来越觉得自己一无是处。说穿了，这就是自己怀疑自己的弊端。一个人如果自己往自己身上设置限制的话，这必将会成为成功的最大障碍之一。所以，如果你想要成功，那么首先就要相信自己！

从前，有个男孩子，从小在孤儿院里长大。在他18岁生日那天他对院长说："我都长成大人了，还不知道亲生父母是谁，像我这样没人要的孩子，活着真没有意义。"院长说："你以前可没有这样的想法啊，今天到底是怎么了？"他回答道："我马上要走向社会了，忽然感到会有很多陌生的眼睛盯住我，他们会嘲笑我，看不起我，让我不寒而栗。"院长想了想，说："这样吧，你先把你的想法放一放，明天先去帮我办件事，行吗？"男孩点点头同意了。

第二天，院长就交给他一块石头，圆圆的石头，看起来像一块宝石。院长告诉他："你拿着这块石头去集市，找个地方摆上，写上售价10元。一定记住，不论别人出多少钱，你绝对不能'真卖'。"男孩拿着石头就去了集市，蹲在一个角落，很快地有人上前围观。有个人说："哎，你这块石头卖吗？""卖。""多少钱？""10元。"可是人家真的要买的时候，他说："不卖了。"人家说："那我给你20元。""20元也不卖。""30元行不行？""不行。"因为他答应院长了，出多少钱也不卖。

晚上，男孩回到孤儿院。院长说："明天不要去集市了，你换个地方到黄金市场试试，石头标价50元。还是我那句话，别人出多少钱都不要卖。"结果呢，石头摆了一个上午，没人理睬。到了下午有人要买了，男孩又不卖，最后有人出价到100元钱，男孩说："不行，价格还低，我不能卖。"他回去后跟院长说了："这么一块破石头，人家已经出价不低了，你到底为啥不让我卖呢？"院长笑了笑，说："明天你带着石头到宝石店门前卖，标价100元。"男孩挠挠头，心里想这下子肯定无人问津了。

没想到水涨船高，很快有人出价到200元、300元，到了傍晚竟然有人抬价到1000元钱了。男孩这时候想，卖了吧，能卖到这样的高价，院长肯定会高兴的。但是他刚刚要出手的时候，院长的嘱咐又响在了耳边，他不得不把这块石头又拿了回来。院长这个晚上对他语重心长地说："为什么不让你卖掉呢？因为你从小没有父母，你的命运就像这块石头一样，心里头感觉冰凉冰凉的。但是，不要管别人是否看得起你，你只要自己看得起自己，只要自己相信自己看重自己，生命就有意义、有价值，就能获得成功。"

其实，我们每个人都是一块闪闪发光的宝石，只不过自己总是不相信自己身上那绚烂的光环。年轻的我们，正处于实现梦想的黄金时段，如果你相信自己，那么未来就是你的；如果你相信自己，也许成功就在明天；如果你相信自己，再多的挑战都会无所畏惧；如果你相信自己，幸福的大门就将永远为你敞开。

其实，生活就是这样，只要你拥有自信，只要你愿意为心中的理想而执着，那么没有什么事情是办不到的，当然前提是，你要相信自己的实力。

总之，不管是小有成绩还是继续在为理想而打拼，自信都将是前进的动力和资本。从某种角度来说只有自信才能帮助我们证明自己的实力。所以，面对挑战千万不要退却，当微笑着去面对世间的一切时，就会发现自己在这个世界上的地位和价值。

✧ 谁把主见弄丢了

曾有人向一位商界奇才询问成功秘诀。

"如果你知道一条很宽的河的对岸埋有金矿,你会怎么办?"商人反问他。

"当然是去开发金矿。"事实上这是大多数人都会不假思索给出的答案。

商人听后却笑了:"如果是我,一定修建一座大桥,在桥头设立关卡收费。"

听者这才如梦初醒。

这就是独立的思维方式,在任何时候都有自己的主见,不从众、不盲从,没有这种守持,事业根本无从谈起。退一步说,众人观点各异,大家七嘴八舌,我们就算想听也无所适从,其实最明智的方法是把别人的话当作参考,坚持自己的观点按着自己的主张走路,一切才会处之泰然。

20世纪60年代,每个田径教练都这样指导跳高运动员:跑向横竿,头朝前跳过去。理论上讲,这样做没错,显然你要看着跑的方向,一鼓作气全力往前冲。可是有个名叫迪克·福斯贝里的小鬼,他临起跳时转身搞了个花样,用反跳的方式过竿。当他快跑到横竿前时,他右脚落地,侧转身180°,背朝横竿鱼跃而过。《时代》杂志上称之为"历史上最反常的跳高技法"。当然大家都嘲笑他,把他的创举称为"福斯贝里之跳"。还有人提出疑问,"此种跳法在比赛中是否合法"。但令专家懊恼的是,迪克不仅照跳他的,而且还在奥运会上"如法炮制"一举获胜。而现在,这已是全世界通行的跳法。

坚持一项并不被人支持的原则,或不随便迁就一项普遍为人支持的原则,都不是一件容易的事。但是,如果一旦这样做了,你就能体现出自己的价值,甚至还会赢得别人的尊重。

现在,我们生活在一个充满专家的时代。由于大家已十分习惯于依赖这些专家权威性的看法,所以逐渐丧失了对自己的信心,以至于不能对许多事情提出自己的意见或坚持信念。这些专家之所以取代了人们的社会地位,是因为我们让他们这么做的。

我们应该改变这种状态,你的人生不应该由别人来指手画脚,我们甚至可以把自己冥想成上帝,想想由自己来设计人生和世界,会是什么样?有很多问题,别人说不可以这样,或者以目前的条件不好解决,很多人就不敢碰,但这可能就是我们人生的转折点。你需要从高处俯视你的人生领域。当然,达到这种冥想境界,非一般人可及,需要刻苦磨炼和高超的悟性。

不过,时间会让我们总结出一套属于自己的评判标准来。举例来说,我们会发现诚实是最好的行事指南,这不只因为许多人这样教导过我们,而是通过我们自己的观察、摸索和思考的结果。很幸运的是,对整个社会来说,大部分人对生活上的基本原则表示认可,否则,我们就要陷于一片混乱之中了。保持思想独立不随波逐流很难,至少不是件简单的事,有时还有危险性。为了追求安全感,人们顺应环境,最后常常变成了环境的奴隶。然而,无数事实告诉人们:人的真正自由,是在接受生活的各种挑战之后,是经过不断追求、拼搏并经历各种争议之后争取来的。

　　如果我们真的成熟了，便不再需要怯懦地到避难所里去顺应环境；我们不必藏在人群当中，不敢把自己的独特性表现出来；我们不必盲目顺从他人的思想，而是凡事有自己的观点与主张。我们也许可以做这样的理解："要尽可能从他人的观点来看事情，但不可因此而失去自己的观点。"

　　当然，能认清自己的才能，找到自己的方向，已经不容易；更不容易的是，能抗拒潮流的冲击。许多人仅仅为了某件事情时髦或流行，就跟着别人随波逐流而去。我们说，他忘了衡量自己的才干与兴趣，因此把原有的才干也付诸东流。所得只是一时的热闹，而失去了真正成功的机会。

◇ 卡布奇诺的味道

　　有一种咖啡名叫卡布奇诺，浓郁的咖啡再加上润滑奶泡、汲精敛露，有一种与众不同的口味。起初闻起来味道很香，第一口喝下去时，可以感觉到大量奶泡的香甜和酥软，第二口可以真正体味到咖啡豆原有的苦涩，最后当味道停留口中，你又会觉得多了一份香醇和隽永。这就好比追梦的滋味，听上去很美很诱人，品尝起来却有一股淡淡的苦味，浓浓的醇香。

　　我们无法拒绝梦想的诱惑，一如面对我们最爱的咖啡我们无法拒绝一样。然而，在通往梦想的路上，无数的艰辛与坎坷让我们品尝了梦想的苦涩，体味了成功的辛酸。朋友，如果你也有过同样的感觉，如果你还在路上，那么继续赶路吧，就这样静静地靠近我们的梦想，就像品尝咖啡一样。没有张扬的欢呼，没有鼓励的掌声，有的只是无法与人分享的无边的寂寞。

荧屏上我们看到的是完美的场面，精湛的演技，可是有谁知道荧屏背后，为了拍片成功，那些演员们经历怎样的苦痛，所以说你不单要看到他们精湛的演技，更应该看到他们付出的辛劳，如果能够看到他们的辛劳，那么你就会明白，成功需要的是什么。

是的，你需要的是低调，不管在什么时候付出努力就好，没有必要让所有的人都为你见证什么。所以说不管在什么时候只要默默地为了自己的成功努力就好，如果这个时候你不懂得为了自己的成功而努力，那么最终你是无法实现自己的成功的。在生活中，你拥有的是什么呢？或许是梦想，或许是激情，所以说不管在什么时候，你都要明白这一点。只要自己默默地努力就好，没有必要让所有的人都知道。

葛优因饰演《编辑部的故事》中的李冬宝一角，获得了电视金鹰奖最佳男演员奖。同年，他又凭借电影《大撒把》获得了金鸡奖最佳男主角奖。

有一天，葛优的父母来看望他，发现颁发给儿子的纪念品被摆在书桌上最醒目的位置，却没看到奖杯放在什么地方。葛优说，那些东西看多了不好，所以把它们放在墙角的地上。父母暗自高兴：儿子没有因为获奖而飘飘然，也没有被成绩冲昏头脑。

几年后，葛优因饰演《活着》中的男主角，获得了第47届戛纳电影节最佳男演员奖。

有相当一部分人不是输在挫折上，而是输在最开始的成功上。可见，如何面对成功，也是一个很严峻的考验。成功的后面是什么？如果一个人总是对昔日的成功念念不忘，试图留住过往的美丽，那么，成功的后面就必然是失败。如果认识到以前的成功只能说明自己的过去，那么，成功的后面还是成功。

要想让自己默默地靠近自己的梦想，那么最重要的就是要学会坚持，坚持在寂寞中奋斗，或许这是一场永久性的战争，但是即便是时间再长，也会有度过的时候，所以说如果在这个时候能够实现自己的梦想，那么最终你会发现自己的成功并不是那么难的事情，只要你坚持住自己的梦想，坚持住自己前进的步伐，这样你就不会失败，即便是失败了，你只要坚持到底，最终是会实现自己的成功的。

默默地努力吧，不要高调地宣扬自己的努力，更不要自大地认为只有自己在为生活拼搏，每个人都在为自己的生活努力着、辛苦着、拼搏着。所以说你应该看到自己存在的价值，也应该能够感受到自己存在的快乐，你的人生需要自己去精心经营，付出自己的汗水，这个时候你会发现自己正在渐渐地靠近自己的梦想。

你拥有了寂寞，寂寞就会对你唱歌。学会让自己保持平静的心态吧，这对你没有坏处，当你看到了自己内心所想，你就要知道自己应该为了自己的成功付出努力，而这种努力往往并不是一件简单的事情，所以说努力，默默地努力，最终你会看到自己的成功。

✧ 99％成功的欲望不敌1％放弃的念头

有一句话，它把坚持与放弃的念头的力量作了量化，说来比较形象。那就是，99％成功的欲望也抵不过1％放弃的念头。这句话说的是如果你有99％想要成功的欲望，哪怕你只有1％放弃的想法，也会与你渴盼的成功失之交臂。更多时候，成功与失败的区别只在一念之间，也许完全取决于你能否坚持到最后的一刻。

然而，很多人都是在事业初期奋斗热情不减，斗志昂扬，在这一阶段，普通人与成功人士并没有太大的差别。往往到最后那一刻，顽强者与懈怠者便出现了不同之处：前者克服一切困难一直撑到最后，而后者却被困难击倒，放弃了努力，在中途便停了下来。于是，便产生了不同的结局。

如果你已经确立了自己奋斗的目标，那么你就没有理由选择放弃。不管是因为什么，如果你一旦放弃，那么最终你将要获得的只会是失败。如果你能够坚持自己的目标，即便有再大的困难，你也不会气馁，更加不会选择那百分之一的放弃。

一位年轻人刚刚毕业，便来到海上油田钻井队工作。第一天上班，带班的班长提出这样一个要求：在限定的时间内登上几十米高的钻井架，然后将一个包装好的漂亮盒子送到最顶层的主管手里。年轻人听后，尽管百思不得其解，但他还是按照要求去做了，他快步登上了高高的狭窄的舷梯，然后气喘吁吁地将盒子交给主管。主管只在上面签下了自己的名字，然后让他送回去。他仍然按照要求去做，快步跑下舷梯，把盒子交给班长，班长和主管一样，同样在上面签下自己的名字，接着再让他送交给主管。

这时，他有些犹豫。但是依然照做了，当他第二次登上顶层把盒子交给主管时，已累得两腿直发抖。可是主管却和上次一样，签下自己的名字之后，让他把盒子再送回去。年轻人把汗水擦干净，转身又向舷梯走去，把盒子送下来，班长签完字，让他再送上去。他实在忍不住了，用愤怒的眼神看着班长平静的脸，但是他尽力装出一副平静的样子，又拿起盒子艰难地往上爬。当他上到最顶层时，衣服都湿透了，他第三次把盒子递给主管，主管傲慢地说："请你帮我把盒子打开。"他将包装纸撕开，看到盒子里面是一罐咖啡和一罐咖啡伴侣。这时，他再也忍不住了，怒气冲冲地看着主管。主管好像并没有发现他已经生气了，只丢下一句冰冷的话："现在请你把咖啡冲上！"年轻人终于爆发了，把盒子重重地摔在了地上，然后说了一句："这份工作，我不干了！"说完，他看看摔在地上的盒子，刚才的怒气一下子都释放了出来。

这时，那位傲慢的主管以最快的速度站起来，直视着他说："年轻人，刚才我们做的这一切，被称为承受极限训练，因为每一个在海上作业的人，随时都有可能遇到危险。不幸的是，你没有坚持到最后，虽然你通过了前三次，可是最后你却因难忍一时之气而功亏一篑。要知道，只差最后一点点，你就可以喝到自己冲的香甜咖啡。现在，你可以走了。"

许多失败者的可悲之处在于，被眼前的障碍所吓倒，他们不明白只要坚持一下，排除障碍，就会走出逆境，就会走出属于自己的一片天空，结果在即将走向成功时，自己打败了自己，也就失去了应有的荣誉，从而与成功失之交臂。

如果你在做一件事情的时候，不能够相信自己，或者说不够自信，那么你必然会产生放弃的念头，这样一来，自己的成功也就会化为泡沫，此时，你需要的是给自己增加能量，而不是给自己施加消极的因素。在一个人的内心世界中，如果有放弃的思想存在，哪怕只是1%，也会影响到你的成功，这是必然的事情。

可以这样说，人生成功的转折点，关键在于能够一直坚持下去。那些缺乏毅力的人，在困难面前往往选择逃避或半途而废。人生中几乎所有一切的失败，都是起因于他们自己对于所企望的事情的疑惑，源于他们没有坚持到底，没有再接再厉，没有一直努力下去。这像我们爬山一样，在即将到达顶峰时若不能再使一点力气，那就有可能前功尽弃到不了峰顶，这就是成功与失败的最本质的区别。换言之，成功与失败，就看你能否在这一步上坚持到底。

愚公移山、精卫填海的故事，想必大家都听过，这些故事告诉我们这样一个道理：我们在做任何一件事时，如果不能坚持到底，半途而废，那么即使是一件很简单的事也很难做成；反之，如果我们能持之以恒，再难办的事情也会显得很容易。当然，并不是所有的坚持都会赢得胜利。比如，虽然我们已经尽自己所能去做一件事了，但最终却失败了。这时，请你不要懊悔，因为你尽管失败了，但你已尽了自己最大力量，你仍然是大赢家。

成功的欲望往往能够激发出一个人奋斗的思想，同时，如果一个人拥有了成功的欲望，往往会表现出属于他自己的活力，这样的人生往往是精彩的，而不是乏味的。但是要知道，在很多时候这并不是简简单单地就能够实现，在很多时候，你不能有丝毫的动摇，不能够因为一点点的挫折而动摇了自己眼前的目标。

如果你放弃了眼前1%的希望，那么你得到的就是100%的失败。

同样地，如果你拥有了100%成功的欲望，那么失败的概率就是零，所以说不管在什么样的情况下，都不要让自己变得那么懦弱，不要因为暂时的一点挫折，而放弃本应该属于自己的成功，也不要因为自己暂时的失败，而放弃了自己的梦想。一个人贵在有成功的欲望，要相信只要自己不让1%放弃的思想滋生，那么自己就会拥有100%的成功。

三、回头再看苦难

✧ 谁不曾遇到苦难

要想生命尽在掌控之中是件非常困难的事情,但日积月累之后,经验能帮助你汇集出一股力量,让你越来越能在人生竞技场中进出自如。很多灾难在时过境迁之后回头看它,会发现它并没有当初看来那么糟糕,这就是生命的成熟与锻炼。

走在人生这条路上,谁都都遇到过困难,这一点毫无疑问,只是有的轻、有的重罢了。那么,当人生遭遇挫折或是失败之时,你的表现又是怎样的呢?是垂头丧气就此低迷,还是汲取教训重整旗鼓?其实,你对于磨难的态度,将决定你人生的成败!

前些年广为传唱的歌曲《真心英雄》中有这样一句——"不经历风雨,怎么见彩虹,没有人能随随便便成功。"的确是这样,人在世上走,不可能一路平平坦坦,其实每个成功的故事背后都写满了辛酸。而成功的关键就在于——把辛酸当成一种磨炼,在水深火热之中仍然坚守着信念。

是的，再多的苦难不过是种历练，挫折是大自然的计划，经历过挫折考验的人们会对事情做出更充分的准备，把心中的残渣烧掉。因此，我们需要勇敢地拥抱挫折，因为它是我们生命中的另一种维生素。生命需要苦难来洗礼，在这番历练中，你能扛得住，便是成功；你扛不住，便只能平庸。就像那些温室中的花朵，诗人根本不会浪费笔墨去歌颂它，而那傲雪而立的寒梅，古往今来已不知被多少次提起。究其根由，不正是因为它无畏苦难、可以战胜苦难吗？要知道，人生的成功也是这样。

20世纪80年代，一个光辉的名字——张海迪，在神州大地上引起了强烈的反响，张海迪的事迹到处传颂，海迪精神到处弘扬。这位2/3躯体失去知觉而不向命运之神屈服的姑娘在轮椅上唱出了高昂激越的生命之歌，被誉为"当代保尔"、"80年代的新雷锋"。张海迪成为中国改革开放后第一个全国典型。

张海迪，1955年出生在山东半岛文登县的一个知识分子家庭里。5岁时因患脊椎血管瘤，胸部以下完全失去了知觉，生活不能自理。但是身残志坚的张海迪没有放弃生命更没有放弃生活，她一面以坚强的毅力与决心同病魔作斗争，一面用勤奋的学习和工作延续生命。她不仅自学完了小学、中学全部课程，而且还自学了大学英语专业。后来又坚持学习日语、德语和世界语，翻译了16万字的外文著作和资料。她刻苦学习潜心钻研了《人体解剖学》《内科学》《针灸学》等十几种医学书籍。她用学到的医学知识和针灸技术，为周围群众治病达10000多人次。她还学过无线电技术、音乐、绘画和书法等多门类知识与学科，以此作为人民服务的本领。

提到20世纪80年代没有一个名字比张海迪更深入人心，她影响了中国几代人。

1981年12月，《人民日报》首次报道了张海迪的事迹。1983年

2月1日，《中国青年报》头版显著刊登张海迪照片和她的长篇自述《是颗流星，就要把光留给人间》，发表社论《让理想的光芒照亮生活之路》。

1983年3月7日，团中央授予张海迪"优秀共青团员"的光荣称号，号召大家向张海迪学习，学习她身残志不残，艰苦奋斗的精神。邓小平同志挥毫题词："学习张海迪，做有理想、有道德、有文化、守纪律的共产主义新人！"陈云同志题词："以张海迪为榜样，勤奋学习，热心助人，做80年代的新雷锋。"

1983年，张海迪开始从事文学创作，先后翻译了《海边诊所》《小米勒旅行记》和《丽贝卡在新学校》，创作了《向天空敞开的窗口》《生命的追问》《轮椅上的梦》等100多万字的作品。现为山东省作家协会文学创作室一级作家。

事实上，命运对待每个人都很公平，它关上一扇门的同时，必然会打开一扇窗，能不能让人生充满阳光，就要看你是躲在阴暗的角落里默默哭泣，还是积极地寻找那扇窗，推开它，迎接阳光。

所以，根本不必再视苦难为摧残，不妨坦然地将它当成一种锤炼。先贤孟子不是曾说过吗——"天将降大任于斯人也，必先苦其心志，劳其筋骨，饿其体肤，空伐其身，行拂乱其所为，所以动心忍性，增益其所不能。"的确如此，人活着，只有在大风大浪之中才能增强驾驭生命之舟的能力；在大起大落之中才能磨练笑看风云的意志；在大悲大喜之中才能提升品味人生的境界；在大羞大耻之中才能激发奋进的勇气。在这说长不长、说短不短的几十年中，能不能活出个人样来，就看心能不能承受起这大风大浪、大起大落、大悲大喜、大羞大耻。

人生总有磨难重重，谁也别想逃掉，但是苦难其实并不可怕，挫折也无妨，因为只要信念不倒，精彩就不会中断。摆在面前的其实也无非就两条路——要么行尸走肉；要么精彩地活着！当然，选择权最终还是要留给我们自己。

◇ 不经劫难的超脱是轻佻的

绝望与愁苦永远不能使心灵真正坚强，人生真正成熟。困厄中徘徊犹疑的人们，只有用钢铁般的性情隐忍地跋涉，才能让一切苦难在你面前黯然失色。心灵强大需要的是信仰和毅力，品味的不是惨淡苦笑的气息，而是超脱后的平静与安宁。

《哈利·波特》的作者罗琳女士，凭什么能够从一个穷困潦倒的小女子，一举成为身拥亿万文化产业的作家？——靠的就是刚毅。27岁那年，她备受重创：离异打击，经济窘迫，那时的她，跌入人生的谷底，失业、无收入、无积蓄，带着不满周岁的女儿……可她却没有就此屈服，硬是在最困苦潦倒的日子里写出了《哈利·波特与魔法石》，以后又写出第二部、第三部、第四部……结果，她凭此一举征服了全世界不同肤色的少年儿童。

成功者之所以成功，失败者之所以失败，原因就是骨子里是否有那种自强不息的刚毅。

"不经战斗的舍弃是虚伪的，不经劫难的超脱是轻佻的，逃避现实的明哲是卑怯的；中庸、苟且、小智小慧，是我们的致命伤。"不经受苦难的创痛，生命难以圆满；不克服人生的平庸，凡夫俗子难以成就完美灿烂的人生。刚性的人生弥漫着一种不屈不挠的意志力，一种向命运抗争和挑战的精神，预示着对生命的征服。

生活中，很多人常常因为勇气不足，而主动放弃了对远大目标的追求。自叹"时运不济"，自认倒霉。在打击和磨难面前，仅仅停留于无休止的叹息，这只会削弱你和厄运抗争的意志，使你在无可奈何中消极地接受现实。

怨天尤人，诅咒命运，这又是一种态度。现实终归是现实，并不会因为你抱怨和诅咒它而有所改变。从抱怨和诅咒中得到好处的人却从来没有。事实上在诅咒之中，真正受到伤害的并不是诅咒的对象，而只是诅咒者自身。

鲁迅说得好："伟大的胸怀，应该表现出这样的气概——用笑脸来迎接悲惨的命运，用百倍的勇气来应付自己的不幸。"生活中遭遇到不幸的人，就应表现出鲁迅说的那种"伟大的胸怀"：以隐忍锻造刚性的人生，以刚毅的精神同厄运作斗争。征服了厄运，你就会赢得命运的垂青。

客观世界不断地向前发展，社会不断地前进，因此每一个人都应该不断地加强自我，不断地更新自我。正如文天祥所说："君子之所以进者，无法，天行而已矣。"

苏联火箭之父齐奥尔科夫斯基10岁时，染上了猩红热，持续几天的高烧，引起了严重的并发症，使他几乎完全丧失了听觉，成了半聋。他默默地承受着其他孩子的讥笑和无法继续上学的痛苦。他的父亲是个守林员，整天到处奔走。因此，教他读书写字的担子就落到妈妈身上。通过妈妈耐心细致地讲解和循循善诱地辅导，他进步得很快。可是当他正在充满信心地自学时，母亲却患病去世了，这突如其来的打击，使他陷入了极大的痛苦。他不明白，生活为何如此艰辛？为什么这么多的不幸都落到了他的头上？他今后该怎么办？父亲抚摸着他的头说:"孩子,不要气馁,一定要有志气,靠自己的努力走下去!"是啊!学校不收,孩子们在嘲弄,今后只有靠自己了!

年幼的齐奥尔科夫斯基从此开始了真正的自学道路。他从小学课本、中学课本一直读到大学课本,自学了物理、化学、微积分、解析几何等课程。这样,一个耳聋的人,一个没有受过任何教授指导的人,一个从未进过中学和高等学府的人,由于始终如一地勤奋自学、刻苦钻研,终于使自己成了一个学识渊博的科学家,为火箭技术和星际航行奠定了理论基础。

这告诉人们,只有自强不息的人才能最终走向成功。

18世纪,天花这种可怕的瘟疫在欧洲和亚洲蔓延着。在英国,几乎每个人迟早都会传染上这种病,许多成年人的脸上和身上都有天花留下的难看的疤痕。成千上万的人由于病情严重而变成盲人或疯子,每年因此而死去的人不计其数。

免疫法的发明者英国人琴纳,当时还是位年轻的医师,他立志向天花宣战。他在家乡伯克利行医时,发现牧区挤奶女工从来不患天花。原来她们在挤牛奶时,无意中接触了患天花的奶牛的脓浆,传染上了牛痘,手上便长出了小脓疮。开始时稍感不适,但很快就好了,以后就再也不患天花了。琴纳由此产生了一个大胆的设想,用人工接种牛痘,预防天花。

在动物身上试验成功了,在人身上种牛痘会不会有危险呢?决心为人类解除天花危害的琴纳,决定拿自己的儿子作为人工接种牛痘的第一个试验者。这个想法马上招致了他的妻子、亲属和朋友们的反对,说他发疯了,这样会害死孩子的。琴纳忍受着亲友们的责难,果断地把痘浆种到了儿子的胳膊上。几天以后,儿子度过了微微的不适而安然无恙。两个月后,他又把天花病人身上的脓液种到了儿子的身上。忧虑难熬的日子,一天又一天、一个星期又一个星期地过去了。儿子一直没有被传染上天花。妻子的脸上露出了笑容，琴纳更是欣喜若狂。

但是，琴纳的研究不仅没有马上得到社会的承认，反而引起了一场轩然大波。教会散布言论说，以牲畜的疾病来传染人是"亵渎上帝"的行为，"接种牛痘是魔鬼的诺言"。许多报纸鼓吹种了牛痘会使人身上长出牛角，发出尖利的声音，甚至耸人听闻地说，儿童种了牛痘，全身会长出牛毛，面孔会变成牛的模样，像牛一样咳嗽，眼睛像公牛一样斜着看东西。一些受了蛊惑的人，包围了琴纳家的房子，向屋内扔砖头，谩骂并拦截就诊的病人。

这时候，琴纳的妻子站了出来，坚定地支持丈夫的研究。她鼓励并随同丈夫到伦敦去请求著名科学家的帮助与支持。为宣传和推广牛痘接种法，使更多的人尽早免于疾病的折磨，她拿出了家里的积蓄，帮助琴纳出版了《接种牛痘的原因和效果的调查》。最后，真理终于战胜了邪恶，琴纳赢得了承认和称颂。

拥有刚性性格的人可以战胜一切艰难险阻，任何困难和挫折都不能阻止他们前进的脚步，忍受压力而不气馁，勇于知难而进，是最终成功的要素。

✧ 总有适合自己的种子

就算是一块再贫瘠的土地，也会有适合它的种子。每个人，在努力而未成功之前，都是在寻找属于自己的种子。当然，你不能期望沙漠中有清新的芙蓉，你也不能奢求水塘里长出仙人掌，但只要找到适合自己的种子，就能结出丰盛的果实。

对于还在寻找种子的人们，道路虽然漫长而又艰辛，虽然看上去很迷茫，虽然荆棘密布、挫折重重，但只要坚信自己的能力，并且有毅力，那么必定会在某一时刻、某一地点找到属于自己的种子。

多年前，山区里有个学习不错的男孩，但他并没能考上大学，被安排在本村的小学当代课老师。由于讲不清数学题，不到一周就被学校辞退了。父亲安慰他说，满肚子的东西，有人倒得出来，有人倒不出来，没有必要为这个伤心，也许有更适合你的事等着你去做。

后来，男孩外出打工。先后做过快递员、市场管理员、销售代表，但都半途而废。然而，每次男孩沮丧地回家时，父亲总是安慰他，从不抱怨。而立之年，男孩凭一点语言天赋，做了聋哑学校的辅导员。后来，他创立了一家自己的残障学校。再后来，他创办了残障人用品连锁店，这时的他，已经是身价千万了。

一天，他问父亲，为什么之前自己连连失败、自己都觉得灰心丧气时，父亲却对自己信心十足。

这位一辈子务农的老父亲回答得朴素而又简单。他说，一块地，不适合种麦子，可以试试种豆子；如果豆子也长不好的话，可以种瓜果；如果瓜果也不济的话，撒上一些荞麦种子一定能够开花。因为一块地，总会有一种种子适合它，也终会有属于它的一片收成。

每个人来到世界上，都有独特之处，都会存在独特的价值。换言之，每个人都是独一无二的，都有"必有用"之才。只是，也许有时才能藏匿得很深，需要全力去挖掘；有时才能又得不到别人的认可……但我们绝不能因此否定自己，更不能因为生活中的挫折、失败而怀疑自己的能力，因为信心这东西一旦失去，就会给我们的人生造成无法弥补的损失。

所以无论何时，都不要以为别人所拥有的种种幸福是不属于我们的，以为我们是不配拥有的，以为我们不能与那些命好的人相提并论。有人说：自信是成功的一半。是的，它还不是成功的全部，但是，如果我们还认识不到它的重要性，那终有一天你会连这一半的机会也失去。

很显然，命运是可以被改写的，自卑是可以被战胜的。战胜自卑的过程，其实就是磨炼心志、超越自我的过程。逆境之中，如果我们一味抱怨命运，认为自己是最不幸的那一个，那么自卑的魔咒就永远也无法解除。想要消除自卑，我们首先就要以一种客观、平和的心态看待自己，不要一直盯着自己的短处看，因为越是这样，我们就越会觉得自己一无是处。而只要你不放弃，终有一天会找到适合自己的种子。

◇ 别怕被看低，更别把自己看低

走过的路告诉我们，如果你想要很认真地活着，但别人不看重你，这个时候你一定要看重你自己；如果你希望得到更多的关注，但别人不在乎你，这个时候你一定要在乎你自己。你自己看重自己，自己在乎自己，最后，别人才会看重和在乎你。

你最不能犯的错误，就是看低自己，其实每一个独立存在的个体，都有着别人无可替代的特点与能力。当别人的评价让你感到无所适从时，没关系，只要你知道曾经有一个独特的、与你气质相近的人成功了，那么就不必再为世俗的眼光而感到苦恼。对于别人的击打，你可以做出两种反应：要么被击垮，躲在角落里哭泣，朝着他们想看到的样子沉沦下去；要么选择无视，就做最真实、最好的自己，坚持到底。结果是，前者会泯然众人，而后者往往会惊天动地。

他在北京求学时，为了生存不得不去卖报，每天他不论刮风下雨，寒冬酷暑都要去街上卖报纸，而他卖报所得的钱全部用来买国外有关物理方面的杂志，只剩下买馒头榨菜的钱。生活上的苦和人们别样的眼光他从没有在意过，但他经常要去听一些学术报告，每次头发乱蓬蓬，戴了一副700度的近视眼镜，只穿一双旧黄球鞋、不穿袜子的他成了门卫拦截的对象。

所有的苦，所有曾被人看不起的辛酸与那张波士顿大学博士研究生录取通知书相比，都是微不足道的。他就是留美博士张启东，他终于可以抬起头对所有看不起他的人说："你们看错了！"

如果说人生是一盘大餐，那么餐桌上必然有酸、甜、苦、辣。现实生活中，许多人因为各种原因总怕被人看不起，的确，十根手指伸出来还不一样长，每个人都会有不同的优缺点，或是生活贫困，或是自己其貌不扬，或是在公司里地位低下，人微言轻，或是自己口才不好，人缘较差，或是身体的先天残障，这都可能是被人看低的因素。其实，这所有的一切都不可怕，可怕的是你对待它的态度，一个人无论生存的环境多么艰难，有一颗自强自信的心是最重要的。

其实只要你愿意，太阳就会注视着你，月亮就会呵护着你。你完全可以"自恋"一些，就当那和煦的春风是为你而来，就当那五彩缤纷的鲜花是为你而开，就当那青青河边草是在为你的诗增添意境，就当那高山流水是在见证你生活的足迹，就当那自在飘流的白云是你忠实的幸福信使。这个世界，有一千个、一万个理由让你不要轻贱自己。

就算你现在的生活有点卑微，但那也只是就一时的境遇而言，绝不会是人格上的卑微，除非你甘愿自暴自弃。人生，有无数种可能的开始，同样也有无数种可能的结果，今天的强者，曾几何时未必不是个弱者，由弱到强的转变，靠的就是心中始终憋着的那口真气——那口不愿低人一等、不愿随波逐流的人生志气。而积聚起这口真气的关键就在于，他们自始至终没有低看过自己。

同样地，你也不能低看自己，就算我们的起点很低，但这并不意味着我们不能出人头地，如果没有10米跳台，那么我们就从1米跳台跳起吧！

◇ 眼睛不能失去光泽

人生有时真的就像一场拳击赛。在人生的赛场上，当我们被突如其来的"灾难"击倒之时，有些灰心、有些丧气也实属正常，我们或许也躺在那里一度不想动弹，是的，我们需要时间恢复神智和心力。但只要恢复了，哪怕是稍稍恢复了，我们就应该爬起来，即便有可能再次被击倒，也要义无反顾地爬起来，纵然会被击倒100次，也要爬起来。因为不爬起来，我们就永远输了；再爬起来，就还有转败为胜的希望。

一夜之间，一场雷电引发的山火烧毁了美丽的"森林庄园"，刚刚从祖父那里继承了这座庄园的哈文陷入了一筹莫展的境地。百年基业，毁于一旦，怎不叫人伤心。

哈文决定倾其所有修复庄园，于是他向银行提交了贷款申请，但银行却无情地拒绝了他。

再也无计可施了，这位年轻的小伙子经受不住打击，闭门不出，眼睛熬出了血丝，他知道自己再也看不见曾经郁郁葱葱的森林了。

一个多月过去了，年已古稀的外祖母获悉此事，意味深长地对哈文说："小伙子，庄园成了废墟并不可怕，可怕的是，你的眼睛失去了光泽，一天一天地老去，一双老去的眼睛，怎么能看得见希望……"

哈文在外祖母的说服下，一个人走出了庄园。

深秋的街道上，落叶凋零一地，一如他凌乱的心绪。他漫无目的地闲逛，在一条街道的拐弯处，他看到一家店铺的门前人头攒动，他下意识地走了过去。原来是一些家庭主妇正在排队购买木炭。那一块块木炭忽然让哈文的眼睛一亮，他看到了一丝希望。

在接下来的两个星期里，哈文雇了几名炭工，将庄园里烧焦的树木加工成优质的木炭，分装成1000箱，送到集市上的木炭经销店。

结果，木炭被抢购一空，他因此得到了一笔不菲的收入，然后他用这笔收入购买了一大批新树苗。几年以后，"森林庄园"再度绿意盎然。

一把火可以烧毁的只是一时的希望，即使在一片死灰里同样可能蕴藏着生机，无论面对什么，只要能永远保持一双明亮的眼睛，就意味着处处都有转机。

其实生活就是一面镜子，你对着它哭，它也对你哭；你对着它笑，它也对你笑。跌倒了，我们只要能够爬起来，就谈不上失败，坚持下去，就有可能成功。人这一生，不能因为命运怪诞而俯首听命，任凭它的摆布。等年老的时候，回首往事，我们就会发觉，命运只有一半在上天的手里，而另一半则由自己掌握，而我们要做的就是——运用手里所拥有的去获取上天所掌握的。我们的努力越超常，手里掌握的那一半就越庞大，获得的也就越丰硕。相反，如果我们把眼光拘泥在挫折的痛感之上，就很难再有心思为下一步做打算，那么我们的精神倒了，可能真的就再也爬不起来了。

毫无疑问，跌倒了站起来，这是勇士；跌倒了就趴着，这就是懦夫！如果我们放弃了站起来的机会，就那样萎靡地坐在地上，不会有人上前去搀扶你。相反，你只会招来别人的鄙夷和唾弃。要知道，如果你愿意趴着，别人是拉不起你的，即便是拉起来，你早晚还会趴下去。人其实不怕跌倒，就怕一跌不起，这也是成功者与失败者的区别所在。在这个世界上，最不值得同情的人就是被失败打垮的人，一个否定自己的人又有什么资格要求别人去肯定？自我放弃的人是这个世界上最可怜的人，因为他们的内心一直被自轻自贱的毒蛇噬咬，不仅丢失了心灵的新鲜血液，而且丧失了拼搏的勇气，更可悲的是，他们的心中已经被注入了厌世和绝望的毒液，乃至原本健康的心灵逐渐枯萎……

所以，如果还想要人生有点色彩，就不要轻易下结论否定自己，不要怯于接受挑战，只要开始行动，就不会太晚；只要去做，就总有成功的可能。世上能打败我们的，其实只有我们自己，成功的门一直虚掩着，除非我们认为自己不能成功，它才会关闭，而只要我们觉得还有可能，那么一切就皆有可能。

◇ 只要心不盲

刚毅拯救了尘俗边缘的灵魂，摒弃了世俗的舒适和安逸带来的贪恋、犹疑、怯懦，所有的困厄在其面前最终只能销声匿迹。

刚毅体现壮美，这种壮美势必扬弃盲目的追求和取舍，让思想更深刻、心灵更坚韧、品德更高尚。

一个美国女孩一双眼睛意外受了重伤，她只能从左眼角的小缝隙看到东西。小时候，她喜欢和附近的孩子玩跳房子，但却看不见记号，只有把自己游玩的每一个角落都记清。这样，即使赛跑她也没有输过。正是凭着这股韧劲，后来她获得了明尼苏达大学的文学学士及哥伦比亚大学的文学硕士两个学位。

她曾在明尼苏达州的一个乡村教过书，后来又成为奥加斯达·卡雷基的新闻学和文学教授。这13年间，她除了教书，也在妇女俱乐部演讲关于各种书籍，并客串电台谈话节目。她的自传体小说《我想看》轰动一时，成为畅销的名著。她就是过了50年如同盲人的日子的波基尔多·连尔教授。

"在我心里不断地潜伏着是否会变成全盲的恐惧，但我以一种乐于面对的高度去面对我的人生。"连尔这样说道。终于，在她52岁时，经过现代医术的诊疗，她获得了40倍于以前的视力，她面前展开了一个更为绚烂的世界。

谁最能忍受苦难，谁的能力就最强。乘风破浪，顽强拼搏。苦难或许是上帝送给人最好的礼物，通过艰苦磨炼才会产生不屈不挠的人。

苦难往往是经过化装的幸福，苦难虽然令人心酸，但它是有益于身心的。不屈不挠的人是自信的，他的人生字典写满成功；不屈不挠的人是刚强的，他总有一个支撑自己的精神支柱。最高尚的品格是不屈不挠磨炼出来的，一颗坚韧而又刚毅的心灵从炼狱般的锻造中所获取的要比从安逸享受产生的成功多得多。

同一种命运，对刚毅的人和懦弱的人会有不同的结局。懦弱的人屈从命运，刚毅的人用不屈不挠的精神改造命运，锻造人生。同一种境遇，谁也不比谁占一定的优势，关键是心境是否早早臣服于来自苦难的压力。这时，信念的高度就决定了人生的高度，成功者之所以成功，是因为他们总是以积极的信念支撑和控制自己的人生，战胜自己的缺陷，而失败者却恰恰相反。

❖ 抓住"刀柄"才能不被刀刃伤害

困难可以将一个人击垮，也可以使一个人振作。这取决于如何去看待和处理困难。

美国，一所大学普通校舍里，住着两个大学生，一个叫法兰克，另一个叫保罗。

贫穷的保罗几乎从大学二年级开始就不得不靠向同学四处借

债度日。

毕业时，负债达1200美元之多的保罗不辞而别，从此在同学中销声匿迹。

纷纷找上门来追讨欠债的债主要法兰克有机会时转告保罗，他们将对保罗提出诉讼。

法兰克努力劝说这些愤怒的同学，他说凭他平日里对保罗的了解，保罗虽穷困至极，但他从未被穷困击倒，他拥有着坚强的毅力，而坚毅的人总会出头。他要求这些同学再耐心等待一段时间。

凭借法兰克出众的人格魅力与领导才能，诉讼风波暂时平息了，时间一晃就是10年。

10年后，在一次法兰克召集并主持的同学会中，有一个形容消瘦的人中途赶来，仔细一看，竟是保罗。

保罗从怀中掏出一张皱折斑斑的纸片，告诉在座的同学："我今天是来还债的，我所借过的每一分钱都详详细细地记录在这张纸上……"

直到这时大家才知道，当时保罗负债离去之后并没有回家，在找遍工作不成之后，他上了一艘远洋货轮，做了一个勤杂工，他随货轮跑遍了大半个地球。最后辗转到了瑞士，登上陆地后，他找到一份做小学教师的工作，并用微薄的工资积存够了他当年所欠下的债款……

听完保罗的讲述，会场一片沉默，直到法兰克走上前去热烈地拥抱了保罗，大家才醒过神来。

后来，在一篇回忆录中讲出这个故事的是法兰克，法兰克是同学们对他的昵称，他真实的姓名叫富兰克林·罗斯福，是美国的第32任总统，一个瘫痪后又站起来的人，一个说"坚毅的人总会出头"并且自己亲身证明了此话的人。

人世中不幸的事如同一把刀，它可以为我们所用，也可以把我们割伤。关键要看你握住的是刀刃还是刀柄。遇到困难时，如果握着

"刀刃",就会割到手;但是,如果握住"刀柄",就可以用来割东西。

在讨论处理困难之前,首先应该明白,人生中能够遇到困难,有很多是值得你高兴的事情。若没有了这些,人生就不成其为人生。虽然困境有其令人难以接受的一面,但它是人生成长及把握方向不可缺少的磨炼。

事实上,困境正是人生的标记之一,难题越多,越能显示它是人生的一部分。

在处理难题时,首先你必须要冷静,尽量沉着应对。如果你的内心无法保持冷静,就无法有效处理它。通常我们遇到难题时总是急躁不安,总是想着这些问题必须立刻解决,必须采取某些行动。然而当你心慌意乱时,想要找出理性的答案是不太可能的。你唯有平静下来,才能真正地面对难题,这才是理性的思考。

换句话说,你必须比所遇到的困难更高、更壮。

积极心态的伟大功效之一是,它教导人们停止与自己对抗。事实上,很多人必须练习如何战胜自己。因为,如果他们坚信自己无法处理自己的困境,那么他们已经被自己的心灵击败了。

很多杰出的领导人都遵循这条人生哲学,艾森豪威尔总统曾讲述他早年把自己的母亲看作是认识的人中最明智的人,她的明智来源于她的宗教信仰。她在家庭里制造出这种神奇的力量,而她就是这种力量的中心。

艾森豪威尔回忆说,有一天,一家人晚上玩牌,他埋怨自己手气不好。母亲突然停下,告诉他玩牌的时候要接受自己抓来的牌,并说明生活也是这样,上帝为每个人发牌,而你只能尽自己最大努力玩好自己的牌。

艾森豪威尔从来没有忘记过这条教诲,并且一直遵循它。

发明家爱迪生也是奉行这个法则的伟人,他也是一个坚毅、积极的思考者。他的儿子查尔斯·爱迪生在任新泽西州的州长时，曾讲述有关他父亲的一段精彩的故事。

一个不幸的晚上，西橘城规模庞大的爱迪生工厂遭到大火，工厂几乎全毁了。那一晚，老爱迪生损失了200万美元，他许多精心的研究也付之一炬。更令人伤痛的是，他的工厂保险投资很少，每一块钱只保了一角钱，因为那些厂房是钢筋水泥所造，当时人们认为那是可以防火的。

查尔斯·爱迪生当时24岁，他的父亲已经67岁。当小爱迪生紧张地跑来跑去找他的父亲时，他发现父亲站在火场附近，满面通红，满头白发在寒风中飘扬。查尔斯说："我的心情很悲痛，他已经不再年轻，所有的心血毁于一旦，可是他一看到我却大叫：'查尔斯，你妈呢？'我说：'我不知道。'他又在叫：'快去找找，立刻找她来，她这一生不可能再看到这种场面了。'"

隔天一早，老爱迪生走过火场，看着所有的希望和梦想毁于一旦，却说："这场火灾绝对有价值。我们所有的过错，都随着火灾而毁灭。感谢上帝，我们可以从头做起。"三周后，也就是那场大火之后的21天，他制造了世界上第一部留声机。

也许由此我们应该领悟到：爱迪生能够成为伟大的发明家，不仅仅是因为他有过人的智慧和非凡的毅力，更重要的还在于他面对失败、困境的积极态度。他总能抓住困境的"刀柄"，让它为自己的人生和事业服务。

虽然，并不是每个人都能准确地把握住"刀柄"，但我们起码应该学会如何避免"刀刃"的伤害。

✧ 要尽可能地将志向放大

很多时候,并不是困难挡住了我们前进的步伐,而是人丧失了斗志,就此低迷、一蹶不振,因此丧失了希望。

每个人心中都存有"斗志",都希望有朝一日出人头地、光耀门楣,但为什么只有少数人能够成就梦想呢?从根本上讲,是因为这部分人的"斗志"要较一般人更为强烈,而且他们知道怎样去驱使自己的"斗志"。

"斗志"于人而言,一如飞机的引擎,只不过大多数人的引擎尚处于"熄火"状态,一旦引擎发动,且驾驶无误,你就会很快地一飞冲天。

浙江商界代表人物、吉利集团总裁李书福,一度频受挫折、饱尝歧视,但他从未熄灭心中的斗志。继成功开发出国内第一辆踏板摩托车以后,李书福乘胜前进,将业务拓展到汽车领域,凭借执着的追求和不断进取的精神,最终成为国内声名显著的民营企业家。

众所周知,汽车行业极具挑战性——竞争激烈、风险超高,而李书福进入该领域之初,启动资金仅有5亿多人民币,这对于充满世界级巨头的汽车行业而言,不免显得有些微不足道。况且,当时国家政策对民营企业还没有完全开放,李书福所面临的困难可想而知。

不过,李书福生来就有一种"撞南墙就要把墙推倒"的斗志,他经过摸索、分析，最终得出这样一条结论：国内汽车领域发展近20年来，从天津夏利到上海大众，从广州标致到别克、雅阁，排量越来越大，级别也越来越高。然而，对于中国老百姓而言，绝大多数人没有那么多钱，他们更需要价格在3万~4万元之间的低端轿车。于是，李书福最终将目标放在了"百姓轿车"的开发上。他曾说道："我会将价位定在3万~4万元左右，只要成本低于别人，价格低于别人，而质量高于别人，就能薄利多销，我就有机会！"

就这样，在世纪之交，中国汽车制造领域闯进了一个"莽撞汉"，他"驾驶吉利"逆流而上，将死气沉沉的中国车市，搅得风云变幻。吉利汽车接连4次引发降价风暴，令许多知名品牌苦不堪言，一时间打击声、讨伐声、质疑声纷纷袭来，一位国企汽车行业老总甚至公开戏谑："没有一不怕苦，二不怕死的精神，就别开吉利。"李书福顿时陷入了饱受非议的境地，吉利的年销售业绩，也仅有惨淡的几千辆而已。

不过，上天总是对那些"斗志昂扬"的人偏爱有加。中国入世以后，政府开放车价，夏利、奥拓相继推出3万元左右的低端轿车。这无疑为吉利做了一个免费的广告，老百姓终于明白了——原来3万元的轿车还是能够保证质量的。就此，吉利轿车的销售形势逐渐走好，2001年，吉利轿车全国销售业绩达到3万辆，李书福成功实现了扭亏转盈。

就是凭借着"不服输"的精神，李书福一步步将自己的梦想变成了现实。若干年来，他先后斩获中国青年改革家、十大明星企业家、新长征突击手、经营管理大师、中国汽车风云人物等多项荣誉，成为中国民营企业的先驱人物。

你为自己设定一个怎样的人生，你的人生就会成为什么样子。如果你一直怀揣客观、高远的梦想，并且为之奋斗不已，梦想很容易就会实现,因为成功往往更垂青于那些"斗志强盛"的人。

如果将"斗志"看作是成功的动力,那么毫无疑问,梦想就是"斗志"的导航,梦想是成就人生的一种积极力量,它可以激发出你体内无限的潜能。一个人若想斩获成功,不但要立长志,还要尽可能地将志向放大。

✧ 是与众不同造就了与众不同

每一次挫折或不利的突变,都带着同样或较大有利的种子。最危险的时候,也就是爆破力发展到最大限度的时候。任何事情都是多方面的,只是很多人感受到的只是其中的一个侧面。

在时运不济的时候,每个人都可以有两种选择:一是怨天尤人,一是活得更起劲。只要你能自强不息,总有一条很宽广的路是为你准备的。

安德伍德2岁的时候因病失明,他没有苦恼,他试着通过发出声音来感知外界。

安德伍德用舌头发出一连串声音,用耳朵听这些声音碰到物体后的回声。根据不同回声,他可以判断前面的物体是什么。渐渐地,他能通过声音分辨出一些东西。当回声柔和时,是金属;当回声沉闷时,是木质物体;当回声尖厉时,是玻璃。他还能根据回声的大小高低来判断物体之间的距离,准确率和正常人眼睛所看到的几

乎一样。

安德伍德已经15岁，认识他的人都说，根本看不出他是个盲童。他自己也不认为自己是个盲童。他在街上滑板滑得飞快，在街角能够急速转弯。一次，一个不懂事的孩子打了安德伍德一下。安德伍德开始追那个孩子，他说："那个孩子认为我找不到他，可是他无论跑到哪里，我都能跟踪到他，直到把他抓住。我虽然看不到，但能听得到。我能听见墙、停泊的汽车以及障碍物等，玩追逐游戏是我的拿手好戏。"

能够运用"回声定位法"来感知世界的人毕竟是少数，安德伍德是幸运的。如果他为失明而苦恼，不想法面对生活，他不可能与众不同。当我们失去一样东西的时候，一定有另一样适合我们的东西在等着我们。

生活的现实对于每个人本来都是一样的。但一经各人不同心态的诠释后，便代表了不同的意义，因而形成了不同的事实、环境和世界。心态改变，则事实就会改变；心中是什么，则世界就是什么。心里装着哀愁，眼里看到的就全是黑暗，抛弃已经发生的令人不痛快的事情或经历，才会迎来心情下的乐趣。

心情的颜色会影响世界的颜色。如果一个人，对生活抱一种达观的态度，就不会稍有不如意，就自怨自艾，只看到生活中不完美的一面。大部分终日苦恼的人，实际上并不是遭受了多大的不幸，而是自己的内心素质存在着某种缺陷，对生活的认识存在偏差。

事实上，生活中有很多坚强的人，即使遭受挫折，承受着来自于生活的各种各样的折磨，他们在精神上也会岿然不动。充满着欢乐与战斗精神的人们，永远不会为困难所打倒，在他们的心中始终承载着欢乐，不管是雷霆与阳光，他们都会给予同样的欢迎和珍视。

◇ 懂得了遗憾，就懂得了人生

假如人生没有遗憾，那本身就是一种最大的遗憾。其实人的一生就是用无数的遗憾穿起来的，有了它我们才会有更多的动力经营自己的期待……生活中，有人总是这样批评犯同样错误的人："好了伤疤忘了痛。"好像伤疤好了也不能忘记，也要死死揪着不放，即便它已成为过去。然而，对于因遗憾造成的伤疤而言，我们多"怀念"它一次，它也就会多伤害我们一次。我们真的要不时揭开它，感受那种痛吗？

"随它去吧！"一位哲学家说，"它不会持久的，没有一个错误会是持久的！"遗憾，是人生不可避免的调味剂，但绝不是赖以生存的主食。那些记忆中的伤悲、痛苦、错误等一切，不该永远占据我们的记忆，只有把那些令人遗憾的事情放下，我们才能重新开始人生。

所以，对于那些不愉快的经历，那些年少轻狂留下的遗憾，那些不能重来的不满意的昨天，我们唯一需要去做的，就是彻底把它们埋藏在心底。有一位高僧十分喜爱陶壶，讲经说法之余，总喜欢欣赏把玩。高僧对陶壶的喜爱几近痴迷，只要听说哪里有佳品，不管多远，高僧都会不顾一切地前去鉴赏。如果看中了哪件陶壶，纵使节衣缩食，他也要把它买来收藏。陶壶似乎已经成了高僧生命的一部分。

收藏的众多陶壶当中，高僧最钟情一把莲花壶。用这把壶沏出的茶，除了茶香四溢，隐隐中还带着莲花的清香，令饮者如醉如痴。

某日，有朋自远方来，高僧很是开心，便特意拿出这把挚爱的陶壶为他沏茶。朋友也甚是喜欢这把莲花壶，对它爱不释手，却在把玩的过程中，失手将它打成了碎片。朋友异常抱歉，高僧却神色如常，收起碎片之后，又拿出另外一只茶壶沏茶，依旧谈笑风生。

送走朋友，弟子问高僧，这是师父最喜欢的茶壶，被打碎了，不难过吗？高僧说："我之所以喜爱它，是因为它能让人品茶时沾染香气，并不是为了难过才收藏它啊。壶碎已经是事实了，再留恋它又有何用？不如重新寻找，也许还会找到更好的。"

高僧的"不是为了难过而收藏"的佛理，深深地感染了弟子们。弟子们潜心修佛，最终修成正果。高僧失去了心爱的莲花壶，并未因此郁郁寡欢，把遗憾放在心头。这是因为高僧参透了"喜爱一种事物的初衷，并不是要去体会失去它时的伤心"的佛理。世间的事物本就变化无常，既然已经失去，不妨就随它去吧，何必要刻意去体会失去的痛苦，反正已经无法挽回。

生活就像一条向前流淌的河流，从不回头，也从不后悔。有些遗憾已经发生了，就应该面对现实，以豁达的胸襟对待过去，以感恩的心珍惜现在的拥有。错过了，失去了，反思了，就要果断地放下。若放不下，快乐与幸福将永远与我们无缘。就像爱情，与不合适的人相忘于江湖，才能有机会与正确的人相濡以沫。一位有过3年婚姻，最后婚姻失败的女性写下了一段凄婉刻骨的文字：

"你现在做什么呢？是不是已经结婚了，很快乐地过着自己的日子？我想了无数次要离开这里，离开这个伤心之地。但是我还有自己的责任，我必须挺住，直到最后一刻，直到佛陀召唤我的时候。多么希望那一刻早些到来，我可以微笑地走到另一个世界，微笑地看着你。能够每天看着你幸福地生活，我心满意足。

"可是对于现在发生的一切,我没有一点挽回的办法,我的心在哭泣、在流血。佛陀,你愿意帮助我吗?我愿意付出一切,来实现自己那平凡的心愿,哪怕下辈子受苦……"

这位女士不能听到悲伤的情歌和与上段婚姻相关的词语。3年里,她没有笑过,陪伴她的,只有悲伤。她说:"无论是闭上眼睛还是睁着眼睛,事情就好像发生在昨天,怎么也抹不去。"

因工作接触,一个没有婚姻经历的小伙子爱上了她的温柔和善良。交往了一年后,小伙子很认真地向她提出回家见父母,把婚事定下来。她却犹豫不决,虽然最后勉强同意了,但那一天她还是失约了,小伙子始终没有等到她的出现。最后,只好黯然离开。

就因为她始终走不出过去的阴影,让一段原本可以让生活重新开始的爱情和未来在幸福面前戛然止步。其实,人得到一切都是以丧失为代价的。当你得到亲情、爱情、信仰、荣誉、尊严、事业的时候,也是正在丧失无拘无束的自由,丧失青春活力。失去一段人生中最缤纷的感情,固然是痛苦的,甚至是刻骨铭心的。然而人生不会因为离婚就终止,不能因为错过了就绝望,生活的点点滴滴就把它深埋在记忆里,轻装向前。人的一生难免有伤痛,但不要因为一场失败的婚姻就损毁了自己一生的幸福。学会忘记,也就学会了承受生命之重;学会忘记,才能从容面对生活重新开始。

忘记是一种智慧、一种豁达、一种生命的旋律。把从前冰冷、灰暗的遗憾和不如意从心房里驱走,就像把一个盗贼从自己家里逐出一样。上天赋予人忘记的能力,就是让人们赶走阴霾,沐浴暖暖的阳光。

人生总是伴随着苦恼和忧虑,但不能让它们一直压在心头,把过去的事当成是一场梦,留下的不是沉甸甸的大石,而应该是豁达的感悟。遗憾,是人生乐章中跌宕起伏的部分,它可能会给人们带来一段时间痛苦的煎熬，但最终，它要汇进生命的交响乐，奏出命运的强音。

正因为遗憾可以带给人们对生命更多、更深刻的感悟，所以没有经历过遗憾的人生是不完整的。遗憾是一种破碎的美，因为有它，人世间一切的真善美将更值得称颂；因为有它，人们就会更加珍惜现在的拥有，就会更加期待美好的明天。

人字路

那些人·那些事·百态杂陈

　　喜欢别人又能让别人喜欢，这样的人生才充满成就感。人生路上的领先者大多喜欢广泛交际，他们会围着自己画个圈，这个圈对他们来说就是生命线，是团结的力量。他们是人际交往的高手，不管是在宴会、洽谈公事或私人聚会上，总是会掌握时机。对这些"沟通大师"而言，人生就是一场历险记——会议室、酒吧、街角、餐厅，甚至在澡堂里，处处都可以"增广见闻"。

　　然而，高手必然要经历一番打造，走在社交的人字路上，谁不曾遭遇过尴尬，谁不曾感受过孤独？

　　但经验，会让我们懂得了如何融入。

一、朋友之谊

◇ 交友结友不在多

虽说朋友是生活中不可或缺的一部分，但也并非越多越好。朋友太多，无疑就会增加应酬的次数，留给自己的空间就会相对减少。如果因不慎误交了损友，甚至还可能让自己迷失方向，落入歧途。所以，交友不必多多益善，只要"精"就好。

"交友结友不在多，而在于质量，多交必滥。"这是过来人的人生经验。人们常说，"朋友遍天下，知心有几人。"的确，知音难觅呀！况且，一个人的精力有限，如果不加选择，一味地以多结交朋友为荣，则会整日忙于应酬，把大部分精力都放在与朋友的周旋上，必然影响自己的正常工作、学习和生活。再者，结交的人多了，也必然影响到对朋友的观察和鉴别，如果所结交的人中有品行不端或用心不良者，也很可能给你带来危害。在社会上，确实有这么一种人，他们以广泛结交朋友为荣，可以说三教九流，无所不交。严格地说，这不是在交朋友，只不过是不负责任的一般交际行为。真正的朋友在于有共同的志向和思想，在于互相帮助，使生活增加乐趣和光彩。

睿智的人会把结交朋友看作是一项非常严肃的事情，绝对不会轻率。在与对方交往的过程中，他们会尤其注意观察对方的思想、兴趣、爱好、品质和行为，掂量一下其是否值得自己结交。

"无友不如己者。"孔子提出不要与不如自己的人交朋友，这种观点虽然带有很大的片面性，但也有一定的道理。孔子的意思是应该结交思想纯净、品德高尚的人，向这样的人看齐。其实，朋友之间本是互有短长的，在这方面你有优点，在其他方面他有特长，朋友相处，长短互补，这也是交朋友的益处之一。所以说，看朋友是否值得结交并不是不允许朋友有缺点。人无完人，朋友也是如此，只要你所结交的朋友品行端正，能够真心帮助你，不至于对你有害，就可以了。

但在择友时，一定要明确自己的标准，要结交一生中都会对你有帮助的益友。有的人以兴趣相投作为唯一标准，而不论对方的思想品行，只讲朋友义气，只要你对我好，我也对你同样好。你敬我一尺，我敬你一丈。你肯为我赴汤蹈火，我也会为你两肋插刀。至于是否有利于自己、有利于他人和社会，则根本不考虑了。在他的朋友中，既有讲吃讲喝者，又有讲玩讲闹者，甚至还有为非作歹、流氓地痞之类的人。这样，难免影响到自己。因此，我们一定要慎重选择朋友，切不可滥交，一定要避免和那些道德品行不端的人结交，免得沾染恶习。

某公司经理谢某，在业务往来中结交了许多朋友。一天，一个朋友和他一起吃喝玩乐后把他带到宾馆的一间豪华房间，神秘地递给他一支香烟。谢某毫不介意地抽了起来，不一会儿，谢某感到异样，这时，朋友告诉他，香烟中放了毒品。谢某当时十分气愤，转身就离去，但初次吸毒的体验却使谢某产生了这样的想法：再吸一次。于是，他再次找到那位朋友，又要了一些毒品。从此，谢某一发而不可收，一个月过后，他已经成了一个十足的瘾君子。公司业务他没心思过问，对妻子也不去关心,他只是不断地动用自己的积蓄,花费巨资用来购买毒品,而向他提供毒品的,正是勾引他第一次吸毒的那位"朋友"。短短两年时间,谢某就花掉了几十万元的积蓄。妻子多次规劝,谢某自己也曾多次痛下决心戒毒,两次进戒毒所,但都无济于事,妻子失望之余弃他而去,谢某悔恨不已。后来登上公司正在承建的一座十六层楼房的楼顶,然后跳了下去,结束了自己的生命。

可见,交朋友也非相识即可为友,相交就可相信。多几个朋友当然不是什么坏事,但至少需有度,更应重视质量,不能轻易拒绝,更不能轻易深信。否则,吃亏的就该是自己了。

✧ 寻一些良朋

从某种意义上说,选择了什么样的朋友,便选择了什么样的人生。一个人选择什么样的朋友,对自己的思想、品德、情操、学识都有很大的影响。俗话说,"近朱者赤,近墨者黑","近贤则聪,近愚则聩。"古人很重视对朋友的选择。孔子曰:"君子慎取友也。"品德高尚的人,历来受人推崇,也是人们愿意结交的对象。而品德低劣的人,却常常被人所鄙视,当然也不排除"臭味相投"的"酒肉朋友"。

实际上,每个人不管自觉或不自觉,交朋友时总是有所选择的,总是有自己的标准。明代学者苏竣把朋友分为"畏友、密友、昵友、贼友"四类,如此划分便可明白:畏友、密友可以知心、交心,互相帮助并患难与共，是值得深交的；那些互相吹捧、酒肉不分的昵友，口是心非，当面一套，背后一套，有利则来，无利则去，还有可能乘人之危损人利己的贼友，那是无论如何也不能结交的。

如果你想了解你的朋友，可以通过一个与他交往的人去了解他。因为一个饮食有节制的人自然不会和一个酒鬼混在一起；一个举止优雅的人不会和一个粗鲁野蛮的人交往；一个洁身自好的人不会和一个荒淫放荡的人做朋友。和一个堕落的人交往，表示自身品位极低，有邪恶倾向，并且必然会把自身的品格导向堕落。

一句西班牙谚语说："和豺狼生活在一起，你也能学会嗥叫。"

即使是和普通的、自私的人交往，也可能是危害极大的，可能会让人感到生活单调、乏味，形成保守、自私的性格，不利于勇敢、刚毅、心胸开阔的品格形成。甚至很快就会变得心胸狭隘，目光短浅，原则性丧失，遇事优柔寡断，安于现状，不思进取。这种精神状况对于想有所作为的人来说是致命的。

与那些比自己聪明、优秀和经验丰富的人交往，我们或多或少会受到感染和鼓舞，增加生活阅历。我们可以根据他们的生活状况改进自己的生活状况，成为他们智慧的伴侣。

与优秀的人交往，就会从中汲取营养，使自己得到长足的发展；与品格高尚的人生活在一起，你会感到自己也在其中得到了升华，自己的心灵也被他们照亮。

印度传教士马丁的生活，似乎完全是受了一个在初级中学学习时的朋友的影响。

马丁是一个相当愚笨的学生，但他父亲还是决定让他接受大学教育。在剑桥大学里，马丁认识了在初级中学的一位伙伴。

从此以后，这位稍长的学生成了马丁的指导教师。马丁能够应付自己的学业，但是仍然容易激动，脾气暴躁，偶尔会发泄自己难以抑制的愤怒。但他这位年纪稍大的朋友却情绪稳定，富于耐心。他时时刻刻照顾、指导和劝勉自己这位易怒的同学。他不允许马丁结交邪恶的朋友，劝他认真学习。"这不是要得到别人的称赞，而是为了上帝的荣耀。"这位朋友的帮助使马丁在学习上进步很快，在第二年圣诞节的考试中他名列年级第一名。

后来，马丁成了一位印度传教士，给了很多人以无私的帮助。

当我们与具有积极的思想、乐观的心态、品德高尚的人士做朋友时，成功的机会也就大大增加了。反之，倘若我们与自卑甚至低劣的人交往多了，我们自身也会变得平庸乃至低下。

交朋友有点像晒梅干。梅干起初也是新鲜的果子，经过一段时日的酝酿，才制成后来的美味。朋友自然也是由生而熟，在长时间的交往之中，各种不同的思想见解，经由交流和冲突，而获得融洽。两个不同的东西，要完全融合，需要时间，时间是最好的考验。只有在面临变故的时候能够共患难的人，我们才称之为朋友。做人，应多和那些"品德高尚，性情良好，站在人生光明面"的人交往。

✧ 分清"可深交"与"不可深交"

有益的朋友有三种，有害的朋友也有三种。同正直的人交朋友，同诚实的人交朋友，同见闻广博的人交朋友，这是有益的；同惯于走邪道的人交朋友，同惯于阿谀奉承的人交朋友，同惯于花言巧语的人交朋友，这是有害的。因此，面对复杂的人际关系，应该学会把朋友区分开，这样才能保护自己免受伤害。

有个商人，朋友无数，三教九流都有，他也曾向人夸耀，说他朋友之多，天下第一。

他的邻居，当然也是他的"朋友"之一，曾问他，朋友这么多，你都同等对待吗？

他沉思了片刻，说道："当然不可以同等对待，要分等级的。"

他表示，自己交朋友都是诚心的，不会利用朋友，也不会欺骗朋友，但别人来和他做朋友却不一定是出于诚心。在他的朋友中，人格高尚的朋友固然很多，但想从他身上获取一点利益、心存歹意的朋友也不在少数。

"对心存歹意、不够诚恳的朋友，我总不能也推心置腹吧，那只会害了我自己呀。"

所以，在不得罪朋友的情况下，他把朋友分了"等级"，有"刎颈之交级"、"推心置腹级"、"可商大事级"、"酒肉朋友级"、"点头哈哈级"、"保持距离级"，等等。

他就根据这些等级来决定和对方来往的密度和自己心窗打开的程度。

他曾说："我过去就是因为对朋友一律同等对待才受到了不少伤害，包括物质上的伤害和心灵上的伤害，所以今天才会把朋友分等级。"

把朋友分等级听来似乎太无情，但听了那位商人的话，你是否也觉得分等级的确有其必要吧，因为这可以保护自己免受别人的伤害。

要把朋友分等级其实不容易，因为人都有主观的好恶，所以有时会把一片赤心的人当成一肚子坏水的人，也会把凶狠的狼看成友善的狗，甚至在旁人提醒时还不能发现自己的错误，非得到被朋友害了才大梦方醒。所以，要十分客观地将朋友分等级是十分难的，但面对复杂的人性，你非得勉强自己把朋友分等级不可。心理上有分等级的准备，交朋友就会比较冷静客观，可把伤害程度减到最低。

要把朋友分"等级"，对非常重感情的人可能比较难，因为这种人往往在对方尚未把你当朋友时，他早已投入感情；而且把朋友分等级，他也会觉得有罪恶感。

不过，任何事情都要经过学习，慢慢培养这种习惯，走过的路多了，有了一定的人生阅历，自然会理性很多，不用人提醒，也会把朋友分等级了。

分等级，可像前述那位商人一样，也可简单地分为"可深交级"和"不可深交级"。

可深交的，你可以和他分享你的一切，不可深交的，维持基本的礼貌就可以了。这就好比客人来到你家，真正的客人请进客厅，推销员之类的在门口应付应付就行了。

另外，也要根据对方的特性，调整和他们交往的方式。但有一个前提必须记住，不管对方智慧多高或多有钱，一定要是个"好人"才可深交，也就是说，对方和你做朋友的动机必须是纯正的。不过，人常被对方的身份和背景所炫惑，结果把坏人当好人，这是很多人无法避免的错误。

如果你目前平平淡淡或失意不得志，那么不必太急于把朋友分等级，因为你这时的朋友不会太多，还能维持感情的朋友应该不会太差。但当你有成就了，手上握有权和钱时，那时你的朋友就非分等级不可了，因为这时的朋友有很多是另有所图，不是真心的。

✧ 看清"真朋友"还是"伪朋友"

我们不妨审视一下自己的交友观。你是否认为所有你喜欢的人都能作为你的朋友？你是希望自己的朋友多多益善，还是希望自己的朋友只有那么几个，真正是"宁缺毋滥"呢？答案相信只有你自己知道。

生活中不乏这样的事情。一个朋友向你借一笔钱应急，你倾囊而出，因为相信友情的真挚，你没有让对方给你打欠条。不久以后，你因为某种原因，需要一部分资金，因而前去索要对方的欠款，而你也相信对方已经有了偿还能力，但令你气愤和吃惊的是，对方矢口否认曾经借过你的钱，甚至说自己从来就没有借过钱。事实上，对方正是靠你的那笔钱才重新又把事业发展起来，面对这种情况，你还相信友情吗？

或者是这样的一番情景：你和一个朋友都是跑同一产品的销售业务的，不同的是，你为 A 厂服务，而你的朋友却为 B 厂服务。某一天，你和朋友同时获悉某大企业急需大量你们所推销的这种产品，于是你们同时前往该企业进行洽谈，为了友情，你们相约对方的订货量每人分一半，也好向自己的企业有个交代，反正一半的数量也非常大。通过洽谈，该企业觉得你们所推销的产品都符合要求，而且同意了你们一人分一半订货量的建议，三方协商于某日签订正式供货合同。届时，你如约而至，但该企业却说早已与人签订了合同，而供货方正是你的朋友所代表的企业。

我们希望友情能够永久，能够越经患难越显真诚，但是友情还是经常遭到无情的践踏和破坏。是我们的友情不值得珍视吗？不！是利益的驱动让那些人丧失了良知！社会中的人越来越复杂，而我们也要努力使自己能够适应这种复杂。我们会无比怀念困厄之中朋友伸过来的坚实的手臂，也同样不会忘记自己付出的真挚友情被某些人无情地遗弃甚至加以利用。我们珍视真正的友情，同时也要有效地防止某些人对友谊的不良企图、利用或者欺骗。

那么，我们怎样才能做到这一点？不要忘了我们的忠告和提议："害人之心不可有，防人之心不可无。"既然你借钱给你的朋友，那你为什么不让对方打个借条？你不让对方打借条并不能证明你更珍视你们的友情，而你让对方打借条也丝毫不能说你漠视你们之间的友情。至于合约，朋友是朋友，而合约则是合约，日久生变，你应该立即就和对方签订合约，或者你也应该注意朋友的举动。现在，南方许多地区连朋友出去吃饭都要实行 AA 制，大家均摊饭钱，除非有人先声明请客。这不能证明他们的友情观念淡漠，相反，他们都能在朋友需要的时候毫不犹豫地出手相助。亲兄弟还得明算账，这句俗话应该为我们所牢记。

想欺骗你的感情、做你的朋友的人，会对你不停地诉说自己的一切，对你的真诚感情，对你的亲近之心，甚至会声泪俱下，相对来说，他们更关心你的成功，而尽量不去过问你的失败和你的困境。对于这些人，如果你已经看透他们的用意，那么你不可能会让他们成为自己的朋友，但也绝不能让他们成为你的敌人。小人得势的破坏力量往往会超出你的想象，而他们也往往会穷凶极恶，不惜一切地疯狂报复得罪过他们的人。鉴于此，你要心存戒备地周旋，你要装作很乐于接受他们，很被他们的交往之意感动的样子，最重要的原则是，你千万不能伤害他们的表演欲望和对你的亲近之心，毕竟人家也是费了很大力气的嘛！

记住，如果你一时无法确定一个人是敌还是友，而对方又一直将自己的感情掩藏得非常隐蔽，那么给对方一个充分的时间和空间表演自己。时间是判断一个人对你的感情真假的最好凭证。不管对方多么擅长于表演，多么擅长掩饰自己的感情，他（或她）也会偶有失误的时候。对方的失误，是你最好的契机，抓住了，对方便会渐露端倪，并最终露出狐狸的尾巴来；如果你无法抓住，或者你一直在寻求与对方共同表演的机会，那么你不但无法看到对方的感情，反而会变成对方眼中的透明物。

如果你足够细心，你就能从别人对你说话的态度上判断你的选择目标，从而能够将人群加以区分。记住，如果你足够老练，如果你细心体会，不管对方多高明，你都会有制敌之术，从而免受伤害。

大千世界，纷繁复杂。人与人之间的关系更是微妙复杂。这就要求我们在与人交往时要努力练就一双"火眼金睛"，善于识别"真朋友"还是"伪朋友"，如果不幸让你碰到一个市侩小人之类的"朋友"，那么你最好对他"敬而远之"，沾上他会令你后患无穷。

二、话里话外

✧ 指责的话少说为妙

在待人处世中，年轻时最容易犯的一个错误就是随意指责别人，这也许是由于年轻气盛，也许是由于对自己的绝对自信。但不管怎样，指责是对别人自尊心的一种伤害，是很难让人原谅的错误，如果不想让身边有太多的敌人，就请口下留情，别总去指责别人。

某女士新近购置一所住房，装修时托付室内设计师为自己的卧室装饰了一些窗帘。然而，等到账单送来时，她不禁瞠目结舌——太贵了，但既然已经买了，就是心疼也没有办法。

几天以后，她的一位朋友前来造访，她们来到卧室，朋友很快就被那些窗帘吸引了："哦，它真的很漂亮不是吗？你花了多少钱？"但当她说出价钱时，朋友的脸上不禁呈现出怒色："什么？你被骗了！他们太过分了！"

诚然，她说的是实话，但又有谁喜欢别人轻视自己的判断力呢？于是，房主开始为自己辩护，她告诉朋友：一分钱一分货，斤斤计较的人永远不可能买到既有品位而质量又高的东西。接着，二人你一言我一语，以致唇枪舌剑，最终不欢而散。

又过几天，另一位朋友也来参观新居，与上位朋友不同，她一直对那些窗帘赞叹不已，并有些失落地表示，希望自己也能买得起这种精美的窗帘。听到这番话，房子的主人坦言，其实自己也不想买这么贵的窗帘，确实有些负担不起，现在有些后悔自己所托非人了。

人在犯错时，也许会对自己承认，但如果被他人直言不讳地指出来，则往往很难接受，甚至会为维护自己的尊严而展开反击。试想，如若有人硬将鱼刺塞进你的咽喉，你会做何反应？话，有时不必说得太明白，即使事实摆在那里，也不该由你去揭破，让自己含糊一点，没有人会怀疑你的智商。事实上，如果换一种方式去渗透，反而会收到更好的效果。

人的本性就是这样，无论他做得有多么不对，他都宁愿自责而不希望别人去指责他们。别人是这样，我们也是这样。在你想要指责别人的时候，你得记住，指责就像放出的信鸽一样，它总要飞回来的。因此，指责不仅会使你得罪了对方，而且也使得他可能要在一定的时候来指责你。即使是对下属的失职，指责也是徒劳无益的。如果你只是想要发泄自己的不满，那么你得想想，这种不满不仅不会为对方所接受，而且就此树了一个敌；如果你是为了纠正对方的错误，那为什么不去诚恳地帮助他分析原因呢？

另外，对于他人明显的谬误，最好不要直接纠正，否则会好像故意要显得你高明，因而又伤了别人的自尊心。在生活中一定得牢记，如果是非原则之争，要多给对方以取胜的机会，这样不仅可以避免树敌，而且也可以使对方的心理得到了满足，于己也没有什么损失。口头上的牺牲有什么要紧，何必为此结怨伤人？对于原则性的错误，你也得尽量含蓄地进行示意。既然你的本意是为了让对方接受你的意见，何必以伤人的举动来彰显自己。

假如由于你的过失而伤害了别人，你得及时向人道歉，这样的举动可以化敌为友，彻底消除对方的敌意，说不定你们今后会相处得更好。既然得罪了别人，当时你自己一定得到了某种"发泄"，与其待别人"回泄"来，不知何时飞出一支暗箭，还不如主动上前致意，以便尽释前嫌，演绎流传千古的"将相和"。

为了避免树敌，还有一点需要特别注意，这就是与人争吵时不要非争上风不可。请相信这一点，争吵中没有胜利者。即使你口头胜利了，但与此同时，你又多了一个对你心怀怨恨的敌人。争吵总有一定原因，总为一定的目的。如果你真想使问题得到解决，就绝不要采用争吵的方式。争吵除会使人结怨树敌，在公众面前破坏自己温文尔雅的形象外，没有丝毫的作用。如果只是日常生活中观点不同而引致的争论，就更应避免争个高低。如果你一面公开提出自己的主张，一面又对所有不同的意见进行抨击，那可是太不明智了，这样会致使自己孤立和就此停滞不前。如果你经常如此，那么你的意见再也不会引起别人的注意，你不在场时别人会比你在场时更高兴。你知道的这么多，谁也不能反驳你，人们也就不再反驳你，从此再没有人跟你争论，而你所懂得的东西也就不过如此，再难从与人交往中得到丝毫的补充。因为争论而伤害别人的自尊心、结怨于人，既不利己，还有碍于人而使自己树敌，这实在不是聪明的做法。

✧ 批评未必直来直往

没有人愿意被批评，无论你说得有多正确，所以批评经常会引发一些负面效应。但是，如果能够恰当掌控批评的方法与尺度，批评便可收到春风化雨、甜口良药也治病的效果。

其实，很多时候批评的效果往往并不在于言语的尖刻，恰恰在于形式的巧妙，正如一片药加上一层糖衣，不但可以减轻吃药者的痛苦，而且使人很愿意接受。批评也一样，如果我们能在必要的时候给其加上一层"外衣"，也同样可以达到"甜口良药也治病"的目的。

最善于布道的彼德牧师去世了。下一周的星期日，艾鲍德牧师被邀登坛讲演。他尽其所能，想使这次讲演有个完美的效果，所以他事前写了一篇演讲稿，准备到时宣读。他一再修改、润色，才把那篇稿子完成，然后，他读给他太太听。可是这篇讲道的演讲稿并不理想，就像普通演讲稿一样。

如果他太太没有足够的修养和见解，一定会直接说出这篇稿子糟透了，绝对不能用，因为它听起来就像百科全书一样枯燥无味。

但艾鲍德太太知道间接批评别人的好处，所以她巧妙地暗示丈夫，如果把这篇演讲稿拿到《北美评论》去发表，确实是一篇极好的文章。也就是说，她边赞美丈夫的杰作，同时却又向丈夫巧妙地进行了暗示，他这篇演讲稿，并不适合讲演时用。艾鲍德明白了妻子的暗示，就把他那篇绞尽脑汁完成的演讲稿撕碎了。他什么也不准备，就去讲演了。

要劝阻一件事，应避开正面批评，这是必须要记住的。如果有这个必要的话，不妨旁敲侧击地去暗示对方，对人正面批评，会毁损他的自信，伤害他的自尊，如果你旁敲侧击，对方知道你用心良苦，他不但会接受，而且还会感激你。

当老板、上司、权位高于你的人，做出一些貌似有理似是而非的举动时，直言不讳显然是不妥的，这样做得罪人不说，甚至还有可能给你的前途造成一定的负面影响。遇到这种情况，我们就要采取迂回策略，指东唱西，曲折地指出对方的错误，这样往往会使他们更乐于接受。

譬如说：某排长指示战士将部队的石料拉出去送人情，战士不从。排长当即说道："这是命令，军人以服从命令为天职，这要是在战场……"

战士马上打断排长的话："排长，您的话不错，不过我能问您个问题吗？"

"你问吧。"排长表示同意。

"若是在战场上，有人命令我们向敌人投降，我们是不是应该照做呢？"

"废话！当然不行！"

"是的，执行命令首先要看命令错对与否。如果命令有误，我们不但可以不执行，还可以向上级反映，这是入伍时排长您教导我们的，我们一直牢记在心。"

排长听后苦笑一下，最终放弃了自己的做法。

这个战士就非常聪明，他没有直接指出排长的不当之处，而是兜了个圈，最后才将重点引到原来的问题上。这种做法不但给自己留下了一定余地，而且有效地切断了对方的后路，使其不得不放弃自己的错误观点，同时又为其保留了颜面。这样的批评方法，我们在实际沟通中，应该多多运用。

✧ 单刀直入不如搭好台阶

"爱面子"是人的共性，也正因为"爱面子"，很多人即便做错了事，也坚决不会承认，更不允许别人当面戳穿。可是，如果明知道他人有过失，又不及时予以纠正，岂不是等于纵容他继续犯错？但若单刀直入，施行"无麻醉手术"，又有可能导致对方产生逆反心理，导致错误加剧。如此，沟通显然不会达到好的效果。

有一个公司老总要宴请一个重要客户，让新来的行政主管作陪。饭局定在市中心最高档的酒店里，与宴者都是些重要客户，宾主之间把酒言欢，其乐融融。酒至半酣，一个客户将手搭在老总的肩上，略带醉意地说："五花马，千金裘，呼儿将出换美酒！酒真是个好东西，也难怪诗仙杜甫连好马也不要了。"听了客户的话，有的说客户说得有道理，也有的说客户这是高雅之人……突然，新来的行政主管大声说："老兄，不对吧，什么时候诗仙变杜甫了。"众人停顿了一秒，客户的脸变成了猪肝色，老总见势头不对，连忙端起酒杯，岔开话题："管他什么诗仙不诗仙的，我们干了这杯，大家都是酒仙。"于是大家都频频举杯，将事情一带而过，新来的行政主管还在那里跟身边的人说谁是诗仙，谁是诗圣的，老总的脸色越来越难看。

饭局刚散，老总就对新来的行政主管说："不是所有的事情都是商务谈判，日常小事又不是什么原则性问题，出点错误大家一笑带过就好，何必咄咄逼人呢？为什么我们一定要找出一个证据，去指责别人的错误呢？你这样做会让别人对你产生好感吗？你为什么不能给他留一点点面子呢？他并不想征求你的意见，也不想知道你有什么看法，你又何必去跟他争辩呢？你应该给别人留一个台阶！"

像行政主管这样的人是很不招人喜欢的，人际沟通不是学术交流，没有必要那么较真！生活中，我们应该豁达一点，给别人一个台阶，别人自然心中有数。

汤姆刚搬到一个新地区，发现邻居养了只大猎犬，平常总是放任它在附近乱晃。

虽然这只猎犬性情温驯，不过自己的小孩看见它总会感到害怕，所以除了待在院子里，哪儿都不敢去。于是，汤姆决定去拜访猎犬主人。

"您好，我是您的邻居汤姆，我想和您商量一些事情。您的狗很健康、非常活泼，不过我们家小孩看到就会害怕，不敢出门，我怎么讲都没用。所以想请您帮个忙，下午5点到6点之间，能不能暂时让您的猎犬待在家里，这样我们家小孩就可以出来玩。6点以后，我会叫小孩回家吃饭，之后您的猎犬就又可以随意散步了。希望您能体谅这种情况……"

这位邻居听完汤姆的话之后，点点头，表示按汤姆的话去做。

汤姆之所以能让邻居接受自己的意见，是因为他首先赞美了邻居的猎狗，赢得了邻居的好感，然后才说出自己的孩子害怕小狗、不敢出门的事实，最后提出完整的、无损双方利益的解决方案。从始至终，他都在用商量的语气和邻居交涉，可谓给足了对方面子，因此二人才能顺利地达成了共识。试想，如果汤姆开口就抱怨邻居放纵猎犬游逛，导致自己的孩子不敢出门，而后再强硬要求邻居将狗拴好，事情又会变成怎样呢？

在人际交往中，"替人搭台阶"是一个很重要的环节，尤其面对身份、地位高于自己的人物，进忠言是绝对不能逆耳的，不动声色地替对方垫上一块"下马石"，不但能达到预期的目的，对自己而言也是一种保护。

诚然，有些话必"直"才能见效，但生活中未必处处都要"单刀直入"，尤其是在劝诫之时，若能既让对方听出弦外之音，又不伤彼此和气，效果岂不是更好？

毋庸置疑，绝大多数情况下，我们的批评都是善意的，是发自肺腑地希望能够帮助对方改正某些错误，但往往因为措辞不当，令对方怒目相向，批评教育的目的因此也宣告破产。所以，当我们准备批评人时，不妨先停下来，思考一下采取什么样的方式，才能达到批评、教育，又不伤害人的效果。

✧ 给人说话的权利

人常犯把自己的意志强加到别人身上的毛病，不管你的地位有多高，与人说话把人置于等而下之的地位，自然对方不会服你。要想使批评真正发挥作用，就应先了解一下别人是怎么想的。

如果你不同意他的看法，你也许会很想打断他的讲话。实际上这时候你更需要耐心地听着，抱着一种开放的心胸，要做得诚恳，让他充分地说出他的看法。

只是，很多人在努力想让别人同意自己的观点时，常不自觉地把话说得太多了。交流时，要尽量让对方说话，因为，他对自己的事业和他的问题，了解得比你多。即使你在批评别人的时候，也要向对方提出问题，让对方讲述自己的看法。

尽量让对方讲话，不但有助于处理商务方面的事情，也有助于处理家庭里发生的矛盾。

程太太和女儿小莎莎的关系迅速恶化，小莎莎过去是一个很乖、很快乐的小孩，但是到了十几岁以后却变得很不合作，有的时候，甚至于喜欢争辩不已。程太太曾经教训过、恐吓过她，还处罚过她，但是都收效甚微。

一天，程太太放弃了一切努力。小莎莎不听她的话，家务事还没有做完就离家去看她的朋友。在女儿回来的时候，程太太本来想对她大吼一番，但是她已经没有发脾气的力气了。程太太只是看着女儿并且伤心地说："小莎莎，为什么会这样？"

小莎莎看出妈妈的心情很糟糕，于是用平静的语气问程太太："您真的要知道吗？"

程太太点点头，于是小莎莎便告诉了妈妈自己的想法。开始还有点吞吞吐吐，后来就毫无保留地说出了一切情形。

原来，程太太从来没有听过女儿的心里话，她总是告诉女儿该做这该做那。当女儿要把自己的想法、感受、看法告诉她的时候，她总是打断她的话，而给女儿更多的命令。

程太太开始认识到，女儿需要的不是一个忙碌的母亲，而是一个密友，让她把成长中所带给她的苦闷和混乱发泄出来。过去自己应该听的时候，却只是讲，自己从来都没有听她说话。

从那以后，每当程太太想批评女儿的时候，就会先让女儿尽量地说，让女儿把她心里的事都告诉自己。她们之间的关系大为改善，不需要更多的批评，女儿会主动地与妈妈和谐合作。

让对方多多说话，试着去了解别人，从他的观点来看待事情，就能创造生活奇迹，使你得到友谊，减少摩擦和困难。

别人也许是完全错误的，但他并不认为如此。因此，不要责备他，应试着去了解他。

别人之所以那么想，一定存在着某种原因。找出那个隐藏的原因，你就等于拥有了解答他的行为或是他的个性的钥匙。

其实，不给犯错之人解释的机会，对其而言亦是一种伤害。经常被喝令"住口"、"不需要解释"的人，久而久之就会放弃为自己辩解的权利。由此，他们即使背负很大的委屈，也会选择一个人压抑地承受着，这样的状况可能会使其心理产生问题。

不给对方解释的机会，武断地指责对方，会使对方对你丧失信任感，甚至会使对方产生抗拒心理——你不喜欢他做什么，他就偏要做什么。这难道是你批评的目的吗？所以我们在批评他人时，一定要给对方解释和申辩的机会，这是一种人性化的体现，更是每个人应有的权利。

✧ 安慰其实也有门道

当亲朋好友甚至是不甚熟悉之人伤心难过之时，很多人的心里也会跟着隐隐作痛，毕竟人的本性是善良的，这种同情是人之常情。所以，大多情况下，我们会想方设法改变这种情况，使对方尽快地脱离"苦海"。

虽说我们的初衷是好的，但因为没有掌握安慰人的套路，有时也确实会适得其反。是故，一些人为避免说错话，令对方痛上加痛，干脆三缄其口，以沉默来应对，因而错失了表达安慰和关心的机会，丢掉了拉近彼此关系的契机，于是"沉默"成了"冷漠"，这显然是不应该的。

还有一些人，确实是去"安慰"了，但由于没有掌握好说话的分寸，给人的感觉或是言不由衷，或是幸灾乐祸，或是不着边际……总之，让人听着并不是那样舒服……

那么，为什么会出现这种情况呢？究其根由，还是我们不懂得如何安慰人，没有掌握安慰人的原则。譬如下面这人：

老张最近遇到了糟心事——自己的儿子刚刚走过人生的一次重大转折点——高考，在老张看来，这是孩子能否出人头地、能否高人一等、能否平安幸福的关键，甚至是全家的希望所在。可是，十几年寒窗苦读，无数日夜熬灯奋战，考出来的成绩却与心目中理想的重点学府分数线相去甚远。这差点把老张所剩不多的黑发都愁白了。

同事小赵是个普通本科院校的应届毕业生,刚刚进入公司不久,开朗活泼,为人热情,主动性强。眼见老张如此愁眉不展,便忍不住上前安慰:"我说张叔,其实你真的没有必要那么难过,考不上重点大学并不等于世界末日啊!文凭不过是块敲门砖嘛,重要的还是能力,只要是金子,到哪里都能发光,你看看我,也是普本毕业,现在混得也不算很差吧?"

老张看了看小赵,不置一词。

同事老王年近五十,阅历丰富,能说会道,见状忙来打圆场:"老张啊,你现在心里的感受我能体会,我也是从那时候过来的。要说,你们一家子全力以赴,创造能创造的所有条件支持孩子,孩子又花了那么多心血备考,没考上重点,确实是有些可惜。但你也别太难过,毕竟难过解决不了问题,咱应该看看还有没有其他办法,看看亲朋好友中有没有人认识教育局或者是校方的人,说不准孩子就能去读重点大学呢。咱先别急,办法总是比困难多。"

老张听后,无神的眼睛似乎亮了一些,拉着老王攀谈起来。

换作是你,相信你也会喜欢老王的安慰。这一老一少两位同事的安慰之词正好代表了两种方式。前者属于消极对比的安慰,而后者则属于积极性的安慰。相较于小赵的安慰而言,老王的话语中更蕴含着一些希望,能够让人在迷茫中看到曙光。相信,纵然老张的儿子最后没能进入重点大学,他的心中还是会非常感谢老王的。

很多时候,虽然初衷是好的,但未必就能产生好的结果,要使安慰的目的达成,避免产生副作用,就必须掌握安慰的套路。面对需要安慰的人,首先要认同他的痛苦,但请不要试图一蹴而就地驱散他们的痛苦,我们或许没有这个能力。其实我们所能提供的,就是让他们尽快越过"痛苦深渊"的桥梁。

✧ 你说一个错，我认两个错

　　一句话把人说笑，一句话把人说跳。在家里、在单位、在外面办事，受到别人指责的情况谁没碰到过？也许他的指责有道理，也许他的指责根本就是小题大做甚至无中生有。这时，有的人本能的反应是立即还嘴反击，结果常常是由小吵演变成大闹，最后落个两不相让又两相伤害。其实细细想来，指责别人有时只是一种个人情绪的发泄，如果被指责者不去计较，而主动低头，你说我一个错我认两个错，反倒让他不好意思。人同此心，事同此理，当指责落在我们自己头上时，那就试试这一招吧。

　　徐明军是一位商业艺术家，他曾用礼貌道歉的话语得到了一个极易动怒的雇主的信任。

　　做广告图时，最要紧的是简明正确，有时不免发生些小错。我就知道有一位广告社主任，专喜欢在小地方挑毛病，我时常是不愉快地从他的办公室走出来，不是因为他的批评，而是他攻击的地方不当，最近我于百忙中替他赶完一幅画，他来电话叫我去见他，到那儿果不出所料，他显得非常愤怒，已经准备好了要批评我一顿。我却想到了用自己责备自己的方法争取主动："先生，你所说的话不假，一定是我错了，而且是不可原谅的。我替你画画多年，应该知道如何才对，我觉得很惭愧。"

他立刻为我分辩说:"是的,你说得对,不过这并非大错,仅只——"我马上插嘴说:"不论错的大小,都有很大的关系,会使别人看了不高兴。"

他打算插嘴说话,但我却不容他。我有生以来第一次批评自己,我很愿意这样做。我继续说:"我实在应该小心,你给我的工资很多,你理应得到满意的东西,所以我很想把这幅画重新画一张。"

"不!不!"他坚决地说,"我不打算再麻烦你。"他夸奖我所画的画,说只需稍加修改就可以了,而且这一点小错,亦不会使公司受损失,仅是一点小节不必太过虑了。

我急于批评自己,使他的怒气全消。最后他邀我一起吃点心,在告别之前他给我开了一张支票,并委托我画另一幅新的广告。

徐明军说,我承认自己错了,以显示主任的正确,抬高了他的地位,他高兴之余也不会再苛责我了。

试想,如果徐明军换一种做法,尽力为自己辩解,那会怎样?所以,只要无关大局的事情,以自责的话堵住对方的嘴,这样他会主动伸出双手把你低下的头扶起来。

避让忍耐是中国传统的生存哲学。低头是一种大智慧,为争一时之气不肯低头,惹出事来恐怕就不是简单地低一下头、说两句认错的话就能解决的了。

武则天时代有个宰相叫娄师德,他性格稳重,很有度量。他的弟弟当上了代州刺史,临行之时,娄师德对弟弟说:"我担任宰相,你现在又管理一个州,受皇上的宠幸太多了。这正是别人妒忌的,你打算怎样对待这些人的妒忌以求自免灾祸呢?"娄师德的弟弟跪在地上,对哥哥说:"从今以后,即使有人朝我脸上吐唾沫,我也自己擦去,决不叫你为我担忧。"娄师德忧虑地说:"这正是我所担忧的。人家向你吐唾沫,是对你恼怒。如果你将唾沫擦去,那不是违背了吐唾沫人的意愿吗？别人会以为你在顶撞他，这只能使他更恼火。怎么办呢？要是人家唾你，你要笑眯眯地接受。唾在脸上的唾沫，不要擦掉，让它自己干。"

后人对娄师德教人"唾面自干"的这种忍耐，总是嗤之以鼻，认为十分迂腐可笑。事实上，娄师德式的忍，是在训练一个人的韧性，教人知道如何收敛自己，而非以忍耐为目的。娄师德在武则天时代出将入相，总管边疆事务30年，他在兼河源（今新疆于田）军司马时，和吐蕃大战，八战八克，具备这样勇气过人的精神和气魄，岂是一个畏缩者能够有的气质？

气量如海，大度待人，对社会交际的顺利进行，有着十分重要的作用。人与人之间经常发生矛盾，在矛盾面前，若能够有较大的气量，以宽容的态度去对待别人，即使对无理取闹者也能以低头说话轻巧避开其锋芒，这样，就会在时间的推移过程中，逐渐改变对方的态度，使矛盾得到缓和。

✧ 间接地提醒错误

想要使一个人改正不足而又不伤感情，不引起憎恨，可以遵循这样一条准则："间接地提醒对方注意自己的错误。"对那些直接的批评会非常恼怒的人，间接地让他们去面对自己的错误，会收到非常神奇的效果。

当面指责别人，这会造成对方顽强的反抗；而巧妙地暗示对方注意自己的错误，他会真诚地改正错误。

华纳梅克每天都到他费城的大商店去巡视一遍。有一次，他看见一名顾客站在柜台前等待，没有一个人对她稍加注意。那些售货员在柜台远处的另一头挤成一堆，彼此又说又笑。华纳梅克不说一句话，他默默地站到柜台后面，亲自招呼那位女顾客，然后把货品交给售货员包装，接着他就走开了。这件事让售货员感触颇深，他们及时改进了服务态度。

官员们常被批评不接待民众。他们非常忙碌，但有时候，是由于助理们过度保护他的主管，为了不使主管见太多的访客而造成负担。卡尔·兰福特，在迪士尼世界所在地——佛罗里达州奥兰多布，当了许多年的市长。他时常告诫他的部属，要让民众来见他。他宣称施行"开门政策"。然而他所在社区的民众来拜访他时，都被他的秘书和行政官员挡在了门外。

这位市长知道这件事后，为了解决这个问题，他把办公室的大门给拆了。这位市长真正做到了"行政公开"。

若要不惹火人而改变他，只要换一种方式，就会产生不同的结果。

确实，那些直接的批评会令人非常恼怒，间接地让别人去面对自己的错误，会有非常神奇的效果。就如玛姬·杰各提到她如何使得一群懒惰的建筑工人，在帮她盖房子之后清理干净现场的那样。

最初几天，当杰各太太下班回家之后，发现满院子都是锯木屑子。她不想去跟工人们抗议，因为他们工程做得很好。所以等工人走了之后，她跟孩子们把这些碎木块捡起来，并整整齐齐地堆放在屋角。次日早晨，她把领班叫到旁边说："我很高兴昨天晚上草地上这么干净，又没有冒犯到邻居。"从那天起，工人每天都把木屑捡起来堆好放在一边，领班也每天都来察看草地的状况。

毋庸置疑，当目睹我们的亲人、朋友或是下属、晚辈出现错误时，几乎没有人能够平心静气，当作无事发生一样，除非你并不关心他。但事实上，并不是每个人都狂风暴雨一般地发作了，这便是沟通技巧上的差异。

　　举例说明一下，其实很多职业经理人在批评下属时，都严格遵守"对事不对人"的原则，那种情绪化、以下属为出气筒、颐指气使的领导者往往只是少数。但事实上，有80%的人都表示接受不了上司的批评，甚至会为此怨恨自己的上司。究其根由，就是因为绝大多数领导者还没有切实掌握批评的技巧，他们惯于面对面地直接批评，其结果往往是令下属难堪又达不到预期效果。

　　其实，如果他们能换一种方法，以一种平和的姿态、巧妙的方式，潜移默化之中完成批评，效果肯定会更好。如此一来，他们既能达成自己的批评目的，又能激发下属的高尚动机，岂不是一箭双雕？

　　每个人或多或少都有些理想主义，都习惯于为自己所做之事找个动听的理由。基于此，倘若你希望自己的批评能够起到效果，能够让对方按照你的意愿去做事，那么最好的办法就是激起他的高尚动机。

◇ 有时就要"没听懂"

　　在交际场合，适当地装糊涂，会收到意想不到的效果。在他人面前做出一个不明白的假象，用以迷惑对方，其实心如明镜，假装没有发现对方的本意，故意把它理解错，用于讽刺对方，给自己找台阶下。

一次，一位男士请一位女士跳舞，那位小姐傲慢地说："我不能和一个小孩子一起跳舞。"这位先生灵机一动，微笑着说："对不起，亲爱的小姐，我不知你正怀着孩子。"说完他很有礼貌地鞠躬后离开了她。那位高傲的小姐在众目睽睽之下，无言以对，满脸通红。

这位先生遭到那位高傲小姐的拒绝，在交际场合是一件非常难堪的事情，可是他却十分聪明，假装不明白小姐说话的内涵，以为她怀了孩子，还表示对她十分尊重，这是一个多么大的讽刺！它不仅使那位小姐丢了面子，而且保住了自己的尊严，如果这位先生直接与那位小姐辩理或争执，不仅不能挽回面子，还会有失他的风度。

在日常交往中，"装糊涂"是一个高明的交际方式，一个人不可处处锋芒太露，这样很容易引起别人的忌恨，与你为敌的人会越来越多，使你的工作事业无法顺利进行下去。人都愿意与单纯的人交往，过于聪明、机灵的人，人们会加以防范、提高警惕，和你交往时就特别小心、谨慎，害怕被欺骗、被愚弄，如果你装出一副什么都不懂、傻乎乎的样子，虽然精明，却大智若愚，给人以糊涂的假相，人们就会对你放松警惕。在与对手交往中，对手由于不知其中的真相，往往被愚弄。由此，你便轻松地战胜了对手。

有时最高的智慧在于显得一无所知。不必真是白痴，看来像就可以了。你懂得装蠢，你就并不蠢了。这种技巧其实不难：把你的聪明放在"愚蠢"下面，跟没有任何智力一样就是了。

"没听懂"并不是真不懂，而是将事情看得清楚，听得明白，只是出于某种原因，不宜直言。这种情况下，我们需要采取一定的糊涂战术，这也是没办法的事情。确实，对于生活或工作中的一些事情，有时真的没必要说得太明确，给自己和别人都留些余地，这才是说话办事的上策。

三、在人群中长大

◇ 走自己的路

　　路是自己走出来的，别人说什么其实跟你真的没有太大的关系。其实生活很简单，人生是自己的舞台，所以尽管得瑟自己的，让别人无休止地唠啵去吧……鲁迅先生曾说："世上本没有路，走的人多了，也就成了路。"可见，路本来是不存在的，而是人走出来的。人多的地方就是大道，人少的地方就是小径，只有你一个人走的地方则只会留下你自己的足迹。

　　人生的道路千条万条，错综复杂，大道或许走得顺畅，小径或许风景独好。交织如网的人生道路就像握在掌心里的命运线，选择一条什么样的路，关系着一个人一生的命运走向，关系着将要面对怎样的未来。尽管熙熙攘攘的大道热闹非凡，然而，只有走一条属于自己的路，人生才是独特的，才是真正绚丽而无悔的。1854年，惠特曼的诗集《草叶集》问世。这本书那创新的写法、不押韵的格式、新颖的思想内容，都像平地里钻出来的怪物一样，并没有那么轻易地被人民大众所接受。一时间，批评之声汹涌而至，惠特曼一度为此垂头丧气，情绪低落，甚至开始怀疑自己。

在这个时候，他想起了1842年3月，在美国纽约百老汇的社会图书馆里，著名作家爱默生富有激情的演讲："谁说我们美国没有自己的诗篇？我们的大诗人、大文豪就在这儿呢……"当时，爱默生的话极大地激励了年轻的惠特曼，这也成为他创作的极大动力。他决定把诗集给爱默生看看。

爱默生读过这部作品之后，给了极高的评价。他称这些诗是"属于美国的诗"、"是奇妙的"、"有着无法形容的魔力"，他认为国人翘首以待的美国诗人诞生了。《草叶集》受到爱默生这样享誉全球的作家的褒奖，使得一些本来把它批评得体无完肤的报刊立刻改换了口气，变批评为褒扬。

不过，爱默生的推崇并没有使惠特曼的书畅销。然而，惠特曼却因此增添了更大的信心和勇气。1855年年底，他印了第二版，在这版中他又加进了20首新诗。

1860年，惠特曼决定印行第三版《草叶集》，并打算补进几首刻画"性"的新作，爱默生曾竭力劝说他取消这几首诗。然而，此时的惠特曼已经决定坚持走自己的路。他对爱默生说："删后还会是这么好的书吗？"爱默生反驳说："我没说它是本好书，我说删了才是本好书！"

然而，执意要独行的惠特曼并没有让步，他对爱默生表示："在我的灵魂深处，我的意念是不会服从任何束缚的，而是走自己的路。《草叶集》是不会被删改的，任由它自己繁荣或枯萎吧！"接着他又说，"世上最脏的书就是被删减过的书，删减意味着道歉、投降……"

结果，第三版《草叶集》按照惠特曼的想法得以出版。这本诗集热情奔放，冲破了传统格律的束缚，运用崭新的形式表达了民主思想和对种族、民族以及社会压迫的强烈抗议。爱默生曾经以为它不会畅销，不过事实却正好相反，这次出版获得了巨大的成功，对美国和欧洲诗歌的发展产生了巨大的影响。

不久，这部诗集还跨越了国界，传到了英格兰，进而传到了世界的各个角落。偏见常常扼杀很有希望的幼苗。为了避免自己被"扼杀"，只要看准了，就要充满自信，敢于坚持走自己的路。正是爱默生的鼓励，才使得惠特曼有了坚持走自己的路的勇气，即使在自己的"启蒙者"爱默生反对的情况下，也依然坚持己见，没有妥协，终于走出了自己的精彩。

前人走过的成功之路千千万，每个人都有每个人的精彩，我们羡慕，我们欣赏，我们把他们当作榜样，然而他们的成功却不可以完全复制。别人多姿多彩的人生或许如万花筒般美丽，但是我们自己的精彩或许只需要黑白。

人不要无事讨烦恼，不作无谓的希求，不作无端的伤感，而是要奋勉自强，保持自己的个性。虽然"条条大路通罗马"，但是别人走过的路毕竟不属于自己。要想拥有自己的无悔人生，就要走出一条属于自己的道路，在这个世界上留下独一无二的足迹。18世纪末，欧洲出现了一个最没规矩的人物——拿破仑。

拿破仑从政毫无规矩：他没有贵族血统、没有门第背景，只是因为娶了一个有钱的寡妇，就挤进了法国政坛，让循规蹈矩的人们大跌眼镜。

拿破仑打仗也毫无规矩：别人都是列着队、敲着鼓约定时间才开打，可是他毫无"绅士风度"，总是先用大炮猛轰，然后再让骑兵冲上去一顿乱杀滥砍。

他曾经下达过一条非常著名的指令："让驴子和学者走在队伍中间。"在拿破仑的远征军中，除了2000门大炮外，还带了175名各行各业的学者以及一大堆书籍和研究设备。

拿破仑用人毫无规矩：在他的 26 位元帅中，有 24 位出身于平民，这些元帅出自鞋匠、木工、小摊贩等上不了台面的职业。

拿破仑当皇帝都没有规矩：别人做皇帝，加冕时都是跪下让教皇把王冠给自己戴上，而他竟然是站起来一把抓过王冠，自己给自己戴上！简直是离经叛道！

总而言之，就像当时欧洲贵族们咒骂的那样：拿破仑是个彻头彻尾的土匪！是这个世界上最没规矩的人！

但是，按照他们自己的规矩，他们根本打不过拿破仑。所以，骂归骂，他们又不得不臣服于拿破仑，按照拿破仑的规矩生活。拿破仑几乎征服了整个欧洲，这就是他自己的规矩。任何一个人在成功的路上，都会存在着这样或那样质疑的声音。商鞅变法遭到贵族们的强烈反对；袁隆平搞杂交水稻，别人说他异想天开。其实，对于别人的质疑大可不必理会，秦国最终通过变法走上了富强的道路；袁隆平最终搞出了杂交水稻，解决了中国的粮食问题。

当然，选择走自己的人生道路并不是一件容易的事，特别是在面对不被理解的困扰和庸碌者无知的嘲笑之时，抉择是艰难的，不仅需要智慧，还需要魄力和勇气。如果拥有"虽千万人吾往矣"的魄力和勇气，就一定能踩出属于自己的厚重脚印，而你的人生，也必将与众不同。

✧ 低姿态往往能成就新高度

一个人,即使能力出众、才高八斗,也应该学会低调,学会谦虚。这样的人才能耐得住寂寞,守得住内心,不为一时荣辱得失而争执忘形,不因人情冷暖而迷失。

我们常说,越是有本事的人越是谦虚,只有"半瓶子醋"才会乱晃,不知道自己有几斤几两。在秦始皇陵兵马俑博物馆,有一尊跪射俑,被称为"镇馆之宝",深受人们喜欢。它呈跪射的姿态,古时称之为坐姿。坐姿射击时重心在下,增强了稳定感,且用力省,便于瞄准,同时目标小,是防守或设伏时比较理想的一种射击姿势。

秦兵马俑坑里各种各样的陶俑皆有不同程度的损坏,甚至有些兵马俑已经身首异处。而这尊跪射俑却保存得非常完整,就连发丝都还清晰可见。

那么,历经沧桑的跪射俑何以能保存得如此完整?专家说,这得益于它的低姿态。首先,普通立姿兵马俑的身高都在1.8~1.97米之间,而跪射俑身高只有1.2米,也就是说,"天塌了有大个顶着",砸不到它身上。

其次,跪射俑做蹲跪姿,重心在下,右膝、右足、左足三个支点呈等腰三角形支撑着身体,增强了稳定性,不容易倾倒、破碎。因此,在经历了2000年的岁月风霜后,它依然能完整地呈现在我们面前。其实人生在世也应学学跪射俑，在浮华喧嚣的世事中，低姿态做人，学会低头、懂得低头和敢于低头。可是，有一些一无所知却自以为是的家伙，往往找不到自己的位置，他们很容易就迷失了自己。一旦有人赞扬他们、恭维他们，他们就会觉得在这个世界上唯我独尊、舍我其谁，从而飘飘然起来。他们不懂得什么谦虚，他们永远体会不到"宠辱不惊，看庭前花开花落；去留无意，望天外云卷云舒"的那种恬淡。

这种不知天高地厚的人，想要取得成功，就要战胜盲目骄傲自大的病态心理，不张狂、不自满。若不知悔改，不懂低调，他们必然会渐渐失去身边的良师益友，失去善意的规劝，最终会导致大家对他们敬而远之。而这样一种人，是不可能有一个美好的人生的。

当有内涵而谦虚的人，遇到浅薄而张狂的另一种人的时候，往往会引发非常有意思的故事，产生戏剧性的效果。在美国纽约的一个车站，有位满脸疲惫的老人坐在候车室的椅子上休息。这位老人穿着普通，身上沾满了尘土，鞋子上也满是污泥，一看就知道他走了很长的路。铃声响起，老人等的列车要进站了，于是他不紧不慢地站起来，向检票口走去。

此时，一个提着大箱子的胖太太从候车室外走来，她肥胖的身躯和那只巨大的行李箱让整个候车室的人为之侧目。箱子太重了，尽管胖太太非常用力地拉着它向前走，但一会儿就累得直喘粗气。就在这时，她看到了前面不远的老人，于是大喊："喂，老头，你给我把箱子搬上去，我给你小费。"胖太太以为这位穿着沾满尘土衣服的老人一定是退休的老工人。那个老人没说什么，就接过箱子和胖太太向检票口走去。

火车开动后，胖太太抹了一把汗，庆幸地对老人说："多亏有你，不然我非误车不可。"老人礼貌地点了点头，胖太太掏出 1 美元的小费递给了老人，老人微笑着接过。就在这个时候，列车长走了过来，对那位老人恭敬地说:"尊敬的洛克菲勒先生,您好。欢迎您乘坐本次列车。如果有什么需要请随时跟我说,不用客气。"

"谢谢,暂时没有,我刚刚做了3天的徒步旅行,现在只想休息,有什么需要的话我会告诉你的。"老人客气地回答。

"天哪,洛克菲勒?我没有听错吧!"胖太太叫了起来,她惊讶地望着这个普普通通的老头儿。自己竟然让著名的石油大王洛克菲勒先生提箱子,而且还给了他1美元的小费,这简直是一种对洛克菲勒先生的侮辱。于是,胖太太赶紧向洛克菲勒道歉,并诚惶诚恐地请洛克菲勒把那1美元小费退给她。

"你根本没有做错什么,为什么要道歉呢。"洛克菲勒微笑着说,"我帮你提箱子是我付出的劳动,这1美元是我劳动所得,所以我收下了。"然后,洛克菲勒当着在场所有人的面,郑重地把那1美元放在了口袋里。石油大王洛克菲勒,在一般人想来肯定是高高在上、遥不可及的人物。然而,这位成就了了不起的事业的石油大亨,却完全不像人们想象的那样不可一世、盛气凌人,而是像普通人一样活着,甚至比普通人还要低调。我想,洛克菲勒的低调平和也必定是他成功的因素之一。

真正的成功人士从来都是虚怀若谷的,他们不会像那些无知的暴发户一样,因为自己腰缠万贯而盛气凌人,更不会喋喋不休地向别人卖弄自己的成就,诉说自己的发家史。这是因为他们明白一个道理——低姿态才能达到真正的高度。富兰克林年轻的时候,有一次到一位前辈家拜访。他挺着胸膛,迈着大步,昂首走进了那位前辈家的大门。结果,刚一进门,他的头就狠狠地撞在了门框上,疼得他直咧嘴。

迎接他的那位前辈看到他这副痛苦的样子,笑着说:"很痛吧?可是,这将是你今天拜访我的最大收获。一个人要想平安无事地活在世上，就必须时刻记住，该低头时就低头。这也是我要教你的，不要忘了。"

这次拜访给了富兰克林很大的感触，他把前辈的教导当成了一生最大的收获，并把它列为生活准则之一。后来，富兰克林成为一代伟人，可以说是因这一准则而受益终身。他在一次谈话中说："这一启发帮了我的大忙。"

是的，人不可无傲骨，但做事不能总是仰着头。涉世之初的年轻人，往往都心比天高，怀着远大抱负、轰轰烈烈地干一番事业的心，却往往在现实世界的铁壁面前撞得头破血流，在荆棘丛生的人生路上磕磕绊绊。如何面对横亘在人生道路上的障碍，是一个极富智慧的考验。

若能学会低头，学会以谦虚的姿态向现实学习，采用迂回和缓的方法去战胜和超越，则必能经得起时间和岁月的磨砺，从而走向从容，走向成功。若不懂得低头，只会昂着头跨向生活的门槛，很可能会被碰得头破血流，成为一个失败者。

低姿态的人容易得到他人的认可，能够轻易被别人接受，这是一种处世的智慧。曾经有一位哲学家这样说："你要得到仇人，就表现得比你的朋友优越；你要得到朋友，就让你的朋友表现得比你优越。"降低自己的姿态，人们就容易去接近你，也乐意去接近你。如果高高在上、盛气凌人，恐怕朋友们会对你敬而远之，慢慢地你就会变成"孤家寡人"。

如果你想把事情做成，最好以一种低姿态出现在对方面前，这样可以让对方从心理上感到一种满足。人们都喜欢跟谦虚、平和、朴实、憨厚的人打交道，你的低姿态、你的毕恭毕敬的礼貌，都会使对方感到自己受人尊重，从而对你产生好感。

越是聪明的人、有本事的人，就越懂得谦虚，越懂得放低自己的身价。这种智慧，完全可以用大智若愚来形容。在生活和工作中，在人与人的交往中，这种低姿态的智慧处世方式，将会使你游刃有余地处理好各种复杂的事物，顺顺利利地走在人生的大道上。

❖ 忘掉所有的仇恨

　　感恩是一种美好的品德。忘记仇恨，宽恕别人同样也是一种优良的品德。有句名言说："无论被虐待也好，被抢掠也好，只要忘掉就行了。"然而人非圣贤，要忘掉他人对自己的伤害很难，而让我们去爱我们的敌人更是强人所难；但考虑到自身的健康和幸福，学习宽恕敌人，甚至忘记仇恨，也可以算是一种明智之举。

　　南方的河里有一条河豚，它在游过一座桥的时候一头撞在桥柱上。这条河豚不怪自己不小心，也不想绕过桥柱，反而生起气来，认为是桥柱撞了自己。它由于恼怒而吸了一肚子气，胀起肚子，漂在水面上，很长时间一动也不动。飞过的老鹰看见了，一把抓起河豚，用利爪撕裂了它的肚子，这条河豚就这样成了老鹰的食物。

　　苏东坡就此颇有感慨地说，有的人在不应该发怒的时候发怒，结果遭到了不幸，就像这条河豚。"因游而触物，不知罪己"，不改正自己的错误，却"妄肆其忿，至于磔腹而死"，真是可悲！

　　仇恨的烈焰有时只会烧伤自己。

　　当你对敌人心怀仇恨时，就等于给了他制胜的力量：给他机会控制你的睡眠、胃口、血压、健康，甚至你的心情。如果你的敌人知道他带给你这么多的烦恼，他一定会高兴得手舞足蹈！

你的憎恨不仅仅伤不了对方一根毫毛，反而把自己的日子弄得像地狱一般难熬。

医学专家告诉大家，仇恨和报复会毁了人的健康。医学专家研究了大量的案例发现，心怀仇恨的人得高血压的概率较高，同时，长时间愤恨容易造成慢性心脏疾病。

所以，耶稣所谓"爱你的敌人"并非只是道德上的训诫，其宣扬的也是一种养生之道。

忘记仇恨，以宽阔包容的胸襟容纳他人，不但是做人的美德，也是一种明智的处世原则。常有一些所谓的厄运，只是由于对他人一时的狭隘与刻薄，而在自己的前进路上自设的一块绊脚石罢了；而一些所谓的幸运，也是由于无意中对他人一时的恩惠与帮助，而拓宽了自己的道路。

宽容犹如冬日正午的阳光，去融化他人心田的冰雪，使之变成潺潺细流。一个不懂得宽容他人的人，会显得愚蠢，也会苍老得很快；一个不懂得对自己宽容的人，会由于生命的弦绷得太紧而伤痕累累，抑或断裂。

我们生活在一个越来越不能忽视功利的环境里，但倘若太吝惜自己的私利而不肯忘记仇恨，宽容他人，为他人让一步路，这样的人最终会无路可走；倘若一味地争强好胜而不肯接受同事的一丝见解，这样的人最终会陷入世俗的河流中而无以向前；倘若一再地求全责备而不肯宽容同事的一点瑕疵，这样的人最终会宛如身在太高的山顶，因缺氧而窒息。

"人非圣贤孰能无过"，就是圣贤也有一时之失，我们何以不能宽容自己和他人的失误？忘记仇恨，宽容他人并不意味着对恶人横行的迁就与退让，也非对自私自利的鼓励与纵容。谁都可能遇到情势所迫的无奈，无可避免的失误，考虑欠妥的差错。所谓忘记仇恨就是以善意去宽待有着各种缺点的人们。因其宽广而容纳了狭隘，因其宽广显得大度而感人。

要获得好的人际关系，追求真正的快乐，就必须抛弃他人会不会感恩的念头，学会宽恕他人忘记感恩的行为，只享受付出的快乐。忘记感谢乃是人的本性，假如我们一直期望他人感恩，多半是自寻烦恼。

✧ 与人争辩，永远不会真赢

人生最笨的争辩方式就是用嘴。因为从张嘴的那一刻起你就输了，赢了别人说你没素质，输了别人说你没出息，这又何苦呢？用争夺的方法，你永远得不到满足，但用让步的方法，你可能得到的比你期望的更多。聪明的人都明白，天下只有一种方法能得到争论的最大利益，那就是避免争论。如果通过辩论、争强、反对，你或许有机会获得胜利，但你永远得不到对方的好感。

现实生活中，很多人遇到别人与自己的意见不统一时，就要发挥自身特长，与对方卷入争辩中，不把对方怼得脸红脖子粗、哑口无言绝不善罢甘休。

久而久之，这样的人就会形成一种习惯：无论在什么情况下，一到要用到嘴巴的时候，就绝对不能吃亏。因为长期的磨炼，他们早已练就了抓别人语言漏洞的"好"本事，一旦进入"战场"，就会让人无力招架；即使没道理，他也有颠倒黑白的本事，把理争到他那方去，叫你对他除了干着急之外，没有任何办法。像这样的人如果能在辩论会或谈判桌上充分发挥，或许是个人才，但是在日常生活中，却往往会遭他人冷落，因为他们没有意识到，实际生活并不是辩论赛场，也不是谈判桌，与他们打交道的，并非是想与他们在口才上一较高下的辩论者，也不是与他们争夺利益的人。可这时，这种人一定要把对方"赶尽杀绝"，让对方颜面扫地，这么做如同在他们自己的身上绑了一枚炸弹，说不定什么时候就会引燃导火线，把自己炸得粉身碎骨。在这一点上，口才大师卡耐基有着深刻的教训。在一次聚会上，一位声名显赫的先生讲了一个幽默的故事，并引用了一句话，大意是"谋事在人，成事在天"。那位健谈的先生随后补充说，他所征引的那句话出自《圣经》。

当时戴尔·卡耐基也被邀请参加了此次聚会，当他听到这位先生如此说后，不由得笑了起来。因为他知道，这位先生说错了，那句话出自莎士比亚的剧本，而且他清楚地知道出自哪一幕的哪一场。

卡耐基终于还是按捺不住表现欲望，当场纠正了那位先生。没想到那位先生立刻反唇相讥："什么？出自莎士比亚？不可能！绝对不可能！那句话就是出自《圣经》。"

卡耐基有些不屑地说："如果你不相信，可以问我旁边的这位法兰克先生，他研究莎士比亚的著作已有多年。"谁知，卡耐基的那位朋友没有站起来，而是在桌子下面踢了卡耐基一脚，并且低声说："你错了，这位先生是对的，这句话的确出自《圣经》。"

卡耐基茫然地看着法兰克，不明白他为什么要这样做。聚会结束之后，卡耐基私下里问："法兰克，你明明知道那句话出自莎士比亚的著作，为什么要撒谎呢？"

法兰克回答:"没错,没错,我当然知道,那句话是出自《哈姆雷特》第五幕第二场。可是亲爱的戴尔先生,我们是宴会上的客人,为什么要证明是他错了呢?那样会使他更加喜欢你吗?咱们为什么不保留他的颜面?因为他并没问你的意见,也并不需要你的意见呀。我们完全没有必要跟他抬杠。要记住,永远避免跟人家争吵。"

卡耐基一听,顿时愣住了。他这才意识到,为什么后来那位先生几乎不和自己说话,甚至许多人也都对他投来了异样的眼光!

这件事给了卡耐基一个教训,让他发出了这样的感慨:"不要和别人做无谓的争论,你赢不了争论。要是输了,当然你就输了;如果占了上风,获得了胜利,还是输了,证明了你并不是一个会做人的人。"生活中的相处并不是辩论赛,赢了往往什么也得不到,除了平添他人的恼怒、内心的怨恨。那些不愿意舍弃争论的人,不仅自己的心里不痛快,就连别人也不愿意与他交往,遭人冷落,受人排斥。丢掉了内心的和谐,失去了原本的友谊,最终倒霉的只会是自己,而不是别人!

所以,当你与他人的意见或看法发生冲突时,一定要学会控制自己,不要争强好胜,要学会让别人赢,这样,才能营造出和谐的人际关系。

◇ 妥协更是一种智慧

很多人将妥协、退让视为懦弱，自认为针锋相对、寸土必争才是"好汉子"、"真英雄"。很明显，这些人走过的路还太少，性格还不成熟，做人的深度不足。其实很多时候，"退一步"并不意味着放弃努力和宣告失败，一些积极意义上的妥协是为了伺机行事，出奇制胜，是退一步而进两步。

他是一家化妆品公司的推销员，他的公司几次想与另一家化妆品公司合作，但都未能如愿。经过他的不懈努力，对方终于答应与他的公司合作！不过有一个要求：要在其化妆品广告词中加上该公司的名字。

他的老总不同意，认为这是在花钱替别人做广告，协商又陷入僵局，合作公司要求他们在两天之内给予答复。

他得到这个消息，直接找到老总，劝老总赶紧答应，否则一定会错失良机。老总不乐意："我坚决不妥协，他们这是以强欺弱。"

他认为把本公司的产品和一个著名的品牌捆绑在一起是有利的，经过他的一再努力，老总终于同意了合作条件。事情像他预料的一样，公司的生产蒸蒸日上，销售额直线上升，他也因此被提升为业务总经理。

她拥有一家三星级宾馆，经朋友介绍，她认识了一位名气很大的导演，导演准备租用她的宾馆开一个新闻发布会。

她爽快地同意了，可在租金上却不能与对方达成协议。她要价4万，导演只答应出2万，双方争执不下。朋友劝她："你怎么这么傻，你只看到了2万，2万背后的钱可不止这个数，他们都是名人，平时请都请不来。"

她还是不妥协，坚持要4万，还对朋友说："你看你介绍的人，这么吝啬。"朋友生气地说："我没有你这个目光如豆的朋友。"说完，朋友抛开她，自己走了。

她旁边一家四星级宾馆的总经理听到这个消息，及时找到导演，说他愿意把宾馆大厅租给导演，而且要价不超过1.5万元。

于是，导演便租了这家四星级宾馆。开新闻发布会那几天除了许多记者、演员外，还有不少慕名而来的影迷，十几层的大楼无一空室。而且因为明星的光临，这家四星级宾馆名声大噪。

她看到这一幕后，后悔得不得了，但一切都晚了，她只能谴责自己目光短浅。

妥协有时就是通往成功的必要，就是在冷静中窥伺时机，然后准确出击；这种妥协应是以退让开始，以胜利告终，表象是以对方利益为重，真相是为自己的利益开道。

妥协无疑是一种睿智，是我们处世的一项必要手段，它对于我们的人生起着微妙的作用，甚至可以改变人的一生。我们生存的世界充满了诡异与狡诈，人间世情变化不定，人生之路曲折艰难，充满坎坷。在人生之路走不通的地方，要知道退让一步、让人先行的道理；在走得过去的地方，也一定要给予人家三分的便利，这样才能逢凶化吉，一帆风顺。

中国有句格言："忍一时风平浪静，退一步海阔天空。"不少人将它抄下来贴在墙上，奉为处世的座右铭。这句话与当今商品经济下的竞争观念似乎不大合拍，事实上，"争"与"让"并非总是不相容，反倒经常互补。在生意场上也好，在外交场合也好，在个人之间、集团之间，也不是一个劲"争"到底，退让、妥协、牺牲有时也很有必要。作为个人修养和处世之道，"让"不仅是一种美好的品德，而且也是一种宝贵的智慧。

其实我们在生活中，不仅要学会向现实妥协，更要学会向自己妥协。向现实妥协，是我们成长历程中必经的路径，现实往往不以个人意志为转移，"兵强则灭，木强则折"，唯抑高举下、以柔克刚，纵使心中不甘也无法逆转，我们只能顺应大势所趋，被动接受和适应。而学会向自己妥协，即是说服自己主动放开束缚自己心胸的无形桎梏，不沉浸于过去的悔恨，不寄望于未来的憧憬，而是抛开内心的诸多不甘和怨恨，不执着、不纠结、不焦虑，安之若素坦然接受既定的现实，潜心了解并积极顺应现实事物发展变化的规律，从而才能打开心窗，获得掌握命运之舵的主动权。

◆ 好汉也要吃点眼前亏

这个世界上不吃小亏就会吃大亏，眼前不吃亏，备不住后面有人找后账。不是堵枪眼的才是好汉，最终把事情摆平的才是真英雄。常言道"好汉不吃眼前亏"，但在实际生活中的很多地方，却要学会"好汉要吃眼前亏"。因为老祖宗还有一句话值得我们深思："人在屋檐下，不得不低头。"大丈夫能屈能伸，在形势逼人的时候，委曲求全做出低姿态，以图积蓄力量东山再起，也是一种大智慧。

懂得吃眼前亏并不是懦弱、畏缩，而是一种智慧的处世方法。所谓"外圆内方"，外圆，就是不能太刚，棱角不能太盛，刚则易折。为了长远的或者更重要的目标，暂时忍让一下，是必要的。森林里，老虎带着两个小弟狼和狐狸一起出去打猎，它们捕获了一只羚羊、一只狍子和一只兔子。

老虎非常和蔼地问狼："这些猎物应该怎么分配啊？"狼想都没想就发表意见说："公正的分法就是羚羊归你，狍子归我，兔子给狐狸。"

老虎听了，也没说什么，直接举起爪子，就把幻想着分到狍子的狼打死了。

然后，老虎又转身问狐狸："你看猎物应该怎么分配啊？"狐狸眨巴了一下眼睛，马上回答道："公正的分法是羚羊可以作为您的主食，狍子可以成为您的零食，而兔子可以当作您的饭后甜点。"

老虎非常满意狐狸的回答，说："都说狐狸聪明，我以前还不相信呢，你是怎么知道这个答案的？"狐狸回答说："在你打死狼的时候，我就知道答案了！"狼有些不自量力，想从老虎的嘴边分到食物，结果丢了性命。而狐狸则主动要求不分给自己任何猎物，看起来是吃了眼前亏，但其实是占了大便宜，至少它留得了性命。留得青山在，不愁没柴烧，若它不这样做，换来的就很可能是老虎的利爪，以后就再也没有享用美食的机会了。

"忍一时风平浪静，退一步海阔天空"，"吃亏是福"，这是一种玄妙的处世哲学。常言道，识时务者为俊杰。所谓俊杰，说的就是那些看清时局，能屈能伸的处世者。因为眼前亏不吃，可能要吃更大的亏。

在平时的生活中，特别是感情问题上，尤其是夫妻或恋人之间，也要做到"好汉吃得眼前亏"。双方闹了矛盾，终要有一方主动和解，要低下头抚慰对方,如果双方都坚持自己是有理的,都不肯主动让步,结果有可能使双方感情破裂,劳燕分飞。

有些时候,吃亏也是一种福气。英国哈利斯食品加工公司总经理彼克很重视食品安全。有一次,他从化验室的报告单上得知,市面上很多食品的配方中都含有防腐剂,这些起保鲜作用的物质其实是有毒的,虽然毒性不大,但长期食用对身体有害。他们公司生产的食品中也含有添加剂。

彼克考虑了一下,为了自己的长远利益,决定公布这件事情。而且要求他的公司生产食品时不用防腐剂,当然这样会影响食品的新鲜度,肯定会有损销量,但他觉得暂时的吃亏也是值得的。同时,他向社会宣布:防腐剂有毒,对身体有害。

结果,几乎所有从事食品加工的老板都联合起来,用一切手段排挤他,指责他别有用心,通过打击别人来抬高自己,他们不仅抹黑他,并且一起抵制哈利斯公司的产品。哈利斯公司的食品销售量锐减,公司一下子到了濒临倒闭的边缘。

但是,彼克没有退缩,他一直坚持着自己的做法,坚持在这个市场上吃亏。在苦苦挣扎了4年之后,彼克的食品加工公司已经无以为继,但他的名声却家喻户晓。这时候,政府站出来支持彼克了,因为他做的事情是正确的。

很快,哈利斯公司的产品又成了人们放心购买的热门货。公司在很短时间内便恢复了元气,规模扩大了两倍,一举成了英国食品加工业的老大。

在我国山东某地,有个做沙石生意的老板,他没有文化,也没有什么人际关系,但生意却越做越好。后来,他认识的人更多了,生意也更好了,历经多年而长盛不衰。说起来他的经营秘诀也很简单,就是与每个伙伴合作的时候,他都只拿小头,把大头让给对方;对每个顾客他都只赚一点点，利润远远低于同行业的其他人。

这样一来，凡是与他合作过一次的人，都愿意与他继续合作。有些人还会介绍一些朋友跟他做生意，再扩大到朋友的朋友，最后都成了他的客户。

因为他只拿小头，人人都觉得他吃了亏。但所有人的小头集中起来都给了他，也就成了最大的大头，他才是真正的大赢家。成大事者，不会是小气的人；有成就的人，也绝对不是一个斤斤计较的目光短浅的人。"吃亏是福"的思想非常睿智，里面深藏玄机。很多人不懂得忍让，特别是为了利益的时候，更是寸步不让，不懂得吃亏是福。其实，表面上看似吃了亏，长远来看吃亏者未尝不是最大的赢家。

当然，吃亏要吃在明处，要让人知道，要争取补偿，至少要让人记得这个情分，不要"哑巴吃黄连——有苦难言"。就像三国时的孙权，为了得到荆州，对刘备用美人计，结果被人将计就计，赔了妹妹，又折了兵，而荆州还是在人家手中，偷鸡不成蚀把米，这个亏吃得未免太不值。

所以说，好汉不仅要能吃点眼前亏，还要会吃亏。吃亏的最终目的是以吃眼前亏来换取其他的利益，是为了生存或更高远的目标。吃亏是一种人情世故，懂得吃亏，就是在展现自己的宽厚和真诚。今天，你亏掉的是一滴水，他日对方将以涌泉来回报。

✧ 得理之处且饶人

今天得理不饶人，明天人也难饶你。人生总有笔账是要暗地里慢慢算的，别只顾较真儿，结果把自己的账面算赔了。俗话说，"有理走遍天下，无理寸步难行"。但是，在生活中，如果别人和我们发生了矛盾，即使自己有理也要做到忍让三分。

也许有人会说："人活一口气，佛争一炷香，在别人理亏的时候，就是要与别人一争高下，让别人知道自己不是好欺负的。"于是，他们只要自己站在有理的这一方，就一定非要让对方承认自己错了或者非要逼得对方无路可退才肯善罢甘休。

殊不知，和别人争斗不休，到最后我们又得到了什么呢？即使让别人知道，我们不是好欺负的，可又有什么用呢？要明白，你是有理的话，你咄咄逼人的"理"，往往会让别人对你产生厌恶。这样做，其实是一件得不偿失的事。

一次，张伟不小心踩到了小雅的脚，连一句对不起都没说就扬长而去。小雅非常气愤，追了上去找他理论，她理直气壮地说道："嗨，你有没有教养！刚刚踩了我的脚，连屁都不放一个，就走了。"

张伟一听气就不打一处来，心想："即使是我错了，踩了你一下，你也应该好好说话，怎么可以出言不逊？"于是也没给小雅好听的："路是大家的，我走我的，你走你的，谁让你占着公共道路不让别人走呢？"

小雅仗着自己有理，依然不依不饶，非要让张伟把鞋子给自己擦干净。一个大男人怎么可能站在大街上给一个素不相识的女人擦鞋？张伟坚持不肯道歉。一个得理不饶人，一个死不认错，谁都不肯退让，结果两人从斗嘴到最后大打出手。本是一件小事，即使小雅有理，但是她不应该出言不逊。当然，张伟更有错，踩到了对方，本就应该主动道歉。如果他们两个当时懂得多包容一下对方，就不会让一件鸡毛蒜皮的小事演变成了大打出手的恶性事件。

得饶人处且饶人，你敬别人一尺，别人就会还你一丈，在我们得理的时候，懂得放对方一马，日后他人得理也会放我们一马。只有得理让三分的人才能拥有更多的朋友，才能和更多的人和睦相处。

古人曰："用争斗的方式，我们永远得不到满足；但是用退让的方式，我们得到的会比期望的更多。"在交际过程中肯于忍让别人，即使我们有理也肯于忍让别人三分，这样才能赢得别人的尊重，才能和更多人和谐共处。

◇ 朋友之间也要"亲密有间"

人与人之间本身就需要保持距离，因为每个人都需要自我呼吸的空隙，谁也不可能跟谁用一个鼻孔出气。人总是因为不熟悉而彼此吸引，因为太熟悉而相互疏远。再好的朋友也不可能是一个人，刚刚好的距离，刚刚好够呼吸，也就能够刚刚好地将友谊延续下去。优秀的园丁从来不会在花圃中栽上满满的花苗；造林的人也懂得让树木之间保持应有的间隙；农民种地，更懂得间作与周期的把握。

　　说了这么多，其实道理只有一个，任何事物都有它的空间，只有彼此之间保持适当的距离，它才有可能获得最为健康的生长。有一位木匠，手艺精湛，远近闻名。在他晚年的时候，收了几个徒弟以传承自己的手艺。在他教授徒弟的过程中，常常会用到一句口头禅："注意了，留下一道缝隙。"最初小徒弟们对此不解，只是按照师傅的吩咐去做，而当他们也开始当师傅教徒弟的时候，才渐渐明白这句话的意思。

　　原来，木工活讲究疏密有致、黏合贴切，该疏的地方要留有一定的间隙，不然做成的东西很容易散落。

　　时下，很多人家装修房子，常常会出现木地板开裂，或挤压变形拱起的现象，这就是木板彼此之间太亲近，没有留下缝隙的缘故。高明的装修师傅都懂得恰到好处地留一道缝隙，给组合材料留足吻合的空间，才能避免这种情况的发生。其实人与人之间相处，也是同样的道理，只有让彼此之间留有一定"缝隙"，才能使彼此的关系保持更长久一些。如果事事都工于心计、利益当头，遇到一点小问题就争个你死我活，凡事追求"完美"，则关系必然紧张，最终走向破裂。人们常说距离产生美，彼此之间学会保持适当的距离，双方的交往才会保持稳定和持久。

　　不论男人女人，都会有自己的朋友，但是千万不要认为他是你的朋友，你就可以与他亲密无间。事实证明，越是亲密的朋友，就越容易生疏，学会保持适当的距离，把握好彼此的关系，反而能让你们的情感"与日俱增"。

　　不要以为对方是你的朋友，就可以不分彼此，就可以无论到哪里都会有人请客，甚至连他们的厨房、房间，你都可以自由出入，就可以不讲究礼节；就可以腻在一起，天天互打电话，一次聊很久，好到连上个厕所都形影不离；就可以在有难离家出走时逃到他家，希望他能帮助自己解决任何事情，钱财不分彼此。要知道，越是要好的朋友，越要懂得珍惜，只有懂得尊重对方，才能换回对方对自己的尊重。

至于公司里的同事，就更要亲密有间了。同事之间的关系不能不维护，可以经常在一起喝喝酒、聊聊天、玩一玩，这是增进同事间友谊的好办法。但在职场中，很多事情常常都会和利益相关，如果你不小心触动了那根关键弦，而自己又丝毫没有认识的话，那就很可能成为一场利益之争的牺牲品。这个时候，不要说保持什么样的朋友关系，甚至连你工作中的人际处理都会陷入困境之中。

一位成功人士曾经说过，远处的风景为什么很美丽，那是因为你远远地看过去，那里只有一片葱郁树木、一块碧绿草地和一条美丽的小河；然而，倘若你走近了去看那道风景，你的感观将会立即大变，因为你会发现那里还有泥沼，还有湿热，还有蚊子、蚂蟥，甚至还会有蛇。只有保持一定的距离，才能产生出效果最佳的美感。

同样道理，拿一面镜子，保持适当距离，你可以看见自己光洁的皮肤、娇好的脸蛋。如果再靠近一些，你就会发现脸上粗大的毛孔和小小的雀斑。把镜子再靠近一些的话，你会感到双眼的疲惫和自己神情的可怕。最后把镜子全贴到脸上，你会什么也看不见，完全失去自我。

既然我们这么重视自己的朋友，我们又为什么要将这么"不完美"的自己呈现在对方面前呢？学会保持适当的距离，才会给对方留下最好的印象。

转盘路

爱情·婚姻·摸索出来的幸福

　　爱情是由两个人共同来描绘的，是两个完全平等的、有独立人格的人。为了爱情，你需要付出、需要努力，但并不是说，只要你付出了、努力了，就一定会有结果，因为另一个人，并不受你的控制。

　　所以，坦然以对就好。

　　婚姻是一场终身的事业，事业的每个阶段都会有低谷；婚姻又是一条长满刺的毛毛虫，在两个人的身上不断地磨蹭，需要与它斗智斗勇。

　　胜负的标志是它先褪光了刺，还是你先过敏。

　　在爱情的转盘路上，有我们几多甜蜜、几多欢笑，几许泪水、几许惆怅，然而一路走来，我们毕竟有所感悟。

　　经验，让我们知道了如何相处。

一、我们都曾不懂爱

◇ 爱情路上丢了"我"

爱情需要付出，但不需要毫无底线的牺牲，如果为了爱情把自己的一切都牺牲了，那么总有一天你的爱情也会牺牲掉，甚至不仅仅是爱情。无论多么爱一个人，也别忘了保留自己的心，只有这样才是用一个完整的自己去爱，也才能得到完整的爱情。

豆蔻年华的菲菲，在对爱情充满了浪漫幻想的时候，爱情不期而至。技校毕业后，她来到一家公司做打字员，与本公司的一个部门经理互生爱慕之情。他比她大8岁，他时常像个大哥哥一样照顾她，无论是在生活上还是工作上。随着时光的流逝，他那一腔的柔情蜜意使单纯的她很快便迷失了自己，觉得再也离不开他了，于是他们同居了。

最初的日子可以说是甜蜜的，菲菲将自己的一切毫无保留地奉献给了他，她的爱、她的时间、她的青春……每天除了上班，她的时间都用在做家务上，收拾他们的小巢，为他洗衣服，做好美味等他品尝。

这样的日子过了两个月,他渐渐变了,待她察觉到他的变化时,他们之间全没了最初的和谐和挚爱。他不再像从前那样疼爱她、照顾她,反而在家里成了"甩手大爷",心安理得地享受着菲菲的细心侍候,甚至连换液化气罐、修抽水马桶这样的事都由菲菲包揽了。承包全部的家务活还不算是最痛苦的,最让她伤心的是他的自私和冷漠。很多时候,下了班他不是马上回家,而是和许多朋友吆喝着去喝酒、玩牌、跳舞,全然不顾菲菲在家做好了饭,眼巴巴地正盼他回家。每次还都深夜才归,回来就倒头大睡,对还没吃、没睡的菲菲连句道歉的话都没有,可如果菲菲偶尔有个应酬,回家晚了,他便摔杯子打碗。慢慢地,菲菲的心凉到了极点,他们之间几乎没有了沟通,菲菲的生活开始失去了阳光,变得忧郁、消沉起来。

菲菲曾几次收拾好了行李想离开这个无爱的窝,离开这个冷漠的人,可是拎起包又没有走的勇气。当初为了和他在一起,她已经和家里闹翻了,父母已经不再认她这个女儿了,她觉得自己没有脸面再回到父母身边了。可是留在这里呢?她和他在一起像夫妻又不是夫妻,像恋人却没有恋人间的亲密,像朋友却没有朋友间的真诚。菲菲对自己的未来感到越来越迷惘了,本该朝气蓬勃的脸上却布满了怨愤和无奈,使她看上去好像已历尽了人世的沧桑。

菲菲的悲剧就在于她在爱情中迷失了自己,她每天生活的主要内容就是围着所爱的人转,完全丧失了自我。她爱得不够成熟、不够理智,她不是在爱中丰富自己、充实自己。一个人如果不能在爱中保持完整的自我,充分体现自我存在的价值,那么这样的爱情就无法持久,就没有生命力,当爱情遇到挫折时,也无法去坚强地面对打击。

生活中有很多像菲菲这样的人,她们在爱对方的同时失去了自我,将对方看作自己生活的全部,将得到对方的爱看成是自己生活的唯一支柱。可悲的是,你的爱对他来说,反而是一种压力,他会因此从你身边逃开。因此，无论你有多爱对方，都务必要在爱中坚守一个独立、完整、崭新的自我，这样你才能够品尝到爱情的甜蜜。

✧ 同一个世界，不同的空间

"在这场争夺消费者（雌性）的战役中，只有满足消费者需要的雄性方能得到回报，不受雌性欣赏的特性并不能带来好处：雄孔雀有漂亮的尾羽但不能歌唱，能唱得像夜莺一样好的雄孔雀只是在浪费时间，因为雌孔雀并没有能聆听歌声的耳朵；同样地，雄夜莺也无法靠长出华丽青蓝尾羽去取悦雌夜莺。"

这个世界是多维、平行的，不同的人生活在不同维度的空间之中，有些人之间注定一生无法交流、无法沟通，就算命运安排他们相遇，如果听不到或者根本无法接纳对方的心声，那在一起又有什么意思？

电视剧《蜗居》热播以后，在大众口诛笔伐宋思明和海藻的同时，却忽略了一个现实的问题：宋思明能给海藻的东西，小贝给不了，不管是激情还是物质。换言之，海藻想要的东西，小贝给不了。所以这段感情即使没有宋思明的加入，也许也不会长久，只因维度不一样。

用"维度"来阐述爱情，或许有些人会感到难以理解，那么我们说得更通俗一点。回想一下，在你的大学时代有没有发生过这样的事情？

樱花盛开的季节，颇具文艺范的学长连续几天弹起他心爱的吉他，在工科女生宿舍楼下浅吟低唱"我的心是一片海洋，可以温柔却有力量，在这无常的人生路上，我要陪着你不弃不散……"对面文学系宿舍的姑娘们眼睛中闪烁着晶亮的光芒，多希望有一位英俊的少年能够为自己如此疯狂。而学长的女神，那位立志成为女博士的姑娘却打开窗户，羞涩而坚定地说："学长，你……你可不可以安静一点，我们还准备考试呢。"

　　这泼冷水的效果丝毫不亚于那句"我一直把你当哥哥（妹妹）看待"。其实被泼冷水的人也不必灰心丧气，不是你不够优秀，只是你爱慕的对象身处在不同的维度。有时候，你爱的人真的并不适合你，他只是你生命中点燃烟花的人，而烟花的美只缘于瞬间，如果你非要抓住这瞬间但不属于你的美丽，就会像那头最孤独的鲸鱼"52赫兹"一样。

　　"52赫兹"是一头鲸鱼用鼻孔哼出的声音频率，最初于1989年被发现记录，此后每年都被美军声呐探测到。因为只有唯一音源，所以推测这些声音都来自于同一头鲸鱼。这头鲸鱼平均每天旅行47千米，边走边唱，有时候一天累计唱22个小时，但是没有回应。鲸歌是鲸鱼重要的通信和交际手段，据推测不但可以召唤同伴，在交配季节更有"表诉衷肠"的作用。导致"52赫兹"幽幽独往来的原因，是因为该品种鲸鱼的鲸歌大多在15—20赫兹，"52赫兹"唱的歌就算被同类听到，也不解其意，无法回应。

　　经营爱情的道理也是一样的，找准处在同一维度的对象很重要。孤独的"52赫兹"如果想找到知音，那么可以去唱给频率范围是20—1000赫兹的座头鲸。如果你还是个纯粹爱情的向往者，不巧倾慕了一位脸蛋漂亮但宁愿坐在宝马车里哭的姑娘，那么还是趁早"移情别恋"吧。找一个适合自己的人来爱，才能够爱的轻松、爱的自在、爱的幸福、爱的愉快。

这也是爱情中一个困难的地方，因为选择适合的对象，第一步就是要认清自己的特质，而我们在想要恋爱的时候，往往只注意打量对方，却忘了看自己。也许对方真的很优秀，但未必与你的特质相容；也许对方与你想象中的完美形象有差距，但难道自己就没缺点吗？所谓适合自己的人，并非就是相对最完美或者条件最好的人，而是那个能与你心有灵犀、相互包容、共同分享人生远景的人。

如果你准备把爱情提升到婚姻的高度，那么这个问题更要谨慎对待，最起码你要确定两个人的人生观相差无几，这是婚姻能否幸福的关键因素。

譬如这样两对夫妇，一对奉行享乐主义，对所有的娱乐和旅游项目都积极倡导；而另一对是谨慎的节约主义者，为防老，为育子，就是坐公车还需考虑是地铁省钱还是大巴省钱。两对夫妇各得其所，日子过得都很甜蜜。但是，我们设想一下，如果把他们的伴侣置换一下，后果又会怎样？恐怕会家无宁日吧。

那么，我们认识很多人，特质各异的，哪一个才是适合你的呢？

其实，你是哪种特质没关系，重重要的是他（她）与你的特质不相悖，你们在人生的理念上是一致的。除此之外，还有一个重要的参考因素，不是脾气，不是性格，也不是谁的爸妈能够做可以倚靠的参天大树，而是你能否在对方面前做到真实的放松。

即，你可以在对方面前做到不洗脸、不刷牙，却怡然自乐；你可以肆无忌惮地放声大哭；你可以在满腹委屈的时候在他（她）面前露出不端庄的一面……而这些，他（她）统统都能够接纳、包容。

其实，在爱情这个问题上，没有什么绝对好或者绝对不好的人，只有适合或者不适合你的人。相处是一门很深的学问，他很好，但也许真的不适合你；她也很好，但你真的不适合她。如果是这样，不要做固执的"52赫兹",闭上眼睛冥想一下:哪个才是真正适合你的人?

✧ 虚无缥缈的爱情憧憬

锅碗瓢勺没碰在一起,再精美的厨具也烹制不出幸福……对美丽的东西,人们总是情有独钟。在择偶的时候,女人希望找到自己的"白马王子",男人则希望遇到才貌双全的"人间尤物"。人们寄予爱情与婚姻太多的期望与想象,但这种过于理想化的憧憬,最终让许多人成为了爱情与浪漫的俘虏。

其实,这个世界上不存在所谓完美的人和事,如果不能接受这一事实,仍然要去抓住这乌托邦式的梦,那最后必然会让你浑身是伤,并且无功而返。苏菱、陈好、肖英是非常要好的闺中密友。在三人中,苏菱长得最漂亮,而且有才华。相比较,陈好各方面都是普普通通。

三个人虽然平时整天都黏在一起,恨不能一个鼻孔出气,但是在择偶这个问题上,三个人却产生了极大分歧。苏菱觉得,人生就应该追求完美的东西,爱情也是一样,如果她找不到一个能让自己感到满意的爱人,那么她情愿一直独身下去。而肖英则觉得婚姻是一辈子的大事,必须要进行全面考虑,找一个能与自己志同道合的男人,才是自己未来生活的最大保障。

只有陈好对婚姻没有太多要求,她觉得两个人只要互相喜欢,家境相差不大,就可以接受。后来,陈好遇到了李军,李军长相、才情都非常一般，两人在一次聚会上第一眼就看上了对方，并且彼此又都是初恋对象，两人的恋情发展得非常顺利。

对此苏菱和肖英却予以强烈反对，她们觉得，陈好各方面都不是很优秀的人，随意地选择婚姻会让她失去人生辉煌的机会，她不应该草率决定。但陈好觉得，没有人知道自己将来会遇到谁，谁会是自己的最爱，只要感觉这是爱情，那就应该紧紧把握。后来，经过一段时间交往，陈好与李军结婚了。虽然每天日子过得非常幸福，但她还是成为了女友们同情的对象，苏菱摇头叹息："这么年轻就嫁人，真是可惜啊。"肖英撇着嘴说："她为什么不找一个更好的？"

时光飞快，当年的少女现在已变成半老徐娘，苏菱众里寻他千百度，无奈那人始终不在灯火阑珊处，让闭月羞花之貌空憔悴；而肖英虽然如愿以偿，嫁给与自己志趣相投的男士，但无奈两人总在同一屋檐下，如同两只刺猬一般，不停地用身上的刺去扎对方，遍体鳞伤后，不得不选择离婚。离婚后，除了食物她找不到别的安慰，生生将自己的昔日窈窕变成今日的肥硕，昔日才女变成今日怨妇。

只有陈好，不仅家庭和睦，事业发展也可谓顺风顺水，身心愉悦，精神也让人感到振奋，时不时地与自己的女儿冒充姊妹花慕煞旁人。苏菱认为的完美爱人，根本就是水中月镜中花，即使找到了所谓浪漫爱情，也不能保证一遇到现实婚姻，这份浪漫的情感就不会溃不成军。那个喜欢浪漫的人，在进入婚姻围城后，说不定无法继续编制浪漫，这必然会让她感到失望，甚至认为对方是在欺骗自己。肖英自视清高，把志同道合作为最重要的择偶条件，期望组织一个以精神生活为支撑的家庭，希望夫妻之间不仅有共同的生活情趣，还要有共同的思想和语言。可是事实证明她也是错的。她的错误不在于对方是不是一个志同道合的人，而是在于这种要求比较狭隘和单一。

实际上，两个人在一起，并不一定非要局限于相同层次或领域的交流，并且不同的知识、感情、风度、性格、谈吐等都可以产生情趣，情感和理解是两个重要生活部分。情感是理解的基础，只有加深理解才能深化彼此的情感。双方只要具备体谅的心态，生活情趣便会自然而生。

陈好的爱，看起来有些傻气，但恰恰是她这种随遇而安的爱的体现，最终使她得到了他人所难以企及的幸福。在爱情中，一个人的感觉很重要，感觉找对了，就不要考虑太多，不然，总是挑挑拣拣的，会错过自己最好的姻缘。未来的生活，都是不可确定的，不确定才富于挑战，给未来留有一些空间，才能给自己的生活带来更多惊喜。陈好庆幸自己及时把握住了那瞬间即逝的感觉，上天让陈好和李军相遇得很早，但幸福却并没有给他们太少。

那些像陈好一样顺利建立起家庭的青年，似乎都有一个共同心理特征，即糊涂而为、率性而立，但他们敢于决断自己的生活，他们更愿意通过自己的努力去建立自己的生活。爱情中的理想化色彩是十分宝贵的，但是对理想过分苛求，标准也就变成了模式。生活一旦脱离现实，就会显得虚幻缥缈。

✧ 浪漫与不浪漫又有什么

现在的年轻人，总是对恋人充满了浪漫的幻想。他们不但要求自己的情侣细致体贴，还要浪漫富于情趣，否则便觉得爱情索然无味，甚至觉得不值得将爱情进行到底。

其实,这样的人往往走进了情感的死胡同,只一味寻求浪漫,却忽略了情侣深沉真挚的爱。

这是一个感动过很多人却并不浪漫的故事。

他是个很不错的人,对她也很体贴,但是他话不多,也没有幽默感。而她偏偏喜欢日子充满情趣和浪漫,日子久了,她觉得他们相处的日子显得沉闷而压抑。她感到不满,说:"你怎么没一点情调?爱情不应当是这样的。"他尴尬地笑笑:"我怎么才能有情调?"

后来,她想离开他。他忧伤地问:"为什么?"她说:"我讨厌这种死水般的生活。"他问:"能不能不走?"她说:"不可能!"他又问:"能不能有另外一种可能?如果今晚下雨了,就说明天意留人。"她看看阳光灿烂的天空:"如果没有下雨呢?"他无奈地说:"那我只好听从天意。"

到了晚上,她躺下了,但又睡不着,忽然听到窗外哗啦啦的雨滴声,她一惊:真下雨了?她起身走到窗前,窗户上正淌着水,望望夜空,不对呀,正满天繁星,这就怪了。她忙走出门外,爬上楼顶,天啊!他正在楼上一勺一勺地往楼下浇水。她心里一动,从背后轻轻地把他抱住。

此刻她才发现,他对她的真诚和在乎就是最好的浪漫。

浪漫是爱情的一种调味品,没有人不喜欢浪漫,无论是年轻人还是老年人,无论是富人还是穷人,只是表达的方式各有不同。但浪漫并不是生活的全部,平实的关爱才是最动人的,如果爱是真诚的,那么就不要在乎是平实还是浪漫。

在很多人看来,恋爱和浪漫几乎是等同的两个单词。放眼望去,周围的情侣几乎都有比五花八门的言情小说还要炫目的浪漫体验。似乎每个人的爱情都有特别之处,有的有着奇异的相识经过,有的有着曲折的追求过程,有的沉浸于鲜花、烛光晚餐、小夜曲和郊游的幸福之中。但是几乎每个人都觉得自己的恋爱很平庸,即使是那些被人羡慕的情侣也不觉得自己有什么特别浪漫之处,这真是件奇怪的事情。

其实恋爱本来就是很平实的东西,有一些浪漫的亮点,但更多的是平淡无奇,而你看到的总是别人生活中的亮点,体味的总是自己生活中的平淡。其实浪漫与不浪漫又有什么?追求幸福才是恋爱的真谛。

✧ 分享?想都别想

几乎所有的婚外情都经不起现实生活中的风吹雨打,注定不会有什么好结局。即便是婚外恋的双方不辞辛苦地为婚姻的重组扫清了障碍,最后也是身心俱疲,走进围城后,也是埋怨多于体贴,因为双方都觉得自己为对方牺牲太多,理应得到补偿,一旦对方做得稍有差池,就会觉得委屈与后悔,这样的家庭生活苦涩总是多于甜蜜。

更重要的是,婚外情会伤害到婚姻的另一半和孩子。如果你已经结了婚、有了孩子,那么孩子的安全、安定、安心,应该被放在生活中的第一位,而不要以"追求真爱"为借口,去放任自私的情感。否则家庭就会变成一个炮火纷飞的战场或者一座冷漠的冰库,孩子则会整天浮沉在大人阴晴不定的苦涩情绪里不知所措,甚至觉得自己是罪魁祸首。现实生活中，有许多儿童因父亲或母亲陷入"婚外恋"的泥潭中而终日落落寡欢，他们原本都是以父母为天的，可是一旦遇到父母中的一方对婚姻家庭不肯负责，他们立刻就觉得自己好像被抛置旷野，会一点一点死亡。对父母来说，这是对孩子最大的犯罪，因为孩子在成长中最需要的就是：安定、安心、安全的环境与父母完整的爱。

在感情世界里，忠诚从来都是被放在第一位的，婚姻中的男女感情，是绝对的私人物品，套句广告词：分享？想都别想！

◇ 爱情一如手中沙

爱人之间，就像是冰天雪地里的两只豪猪，因为天气太冷，想以身体靠近相互取暖，但一方的刺扎到另一方的身体时，大家都感到疼痛难耐，只好分开，可是天气越来越冷，为了取暖两只豪猪不止一次地尝试靠近又分开，如此反复多次，终于找出既不会刺到对方，又能取暖的恰当距离。用这两只豪猪的故事来比喻爱人之间的距离再恰当不过了，太接近了容易伤害对方，太远了又感受不到对方的关怀，最好是有点距离又不太远。

北宋著名词人秦观有句名言："两情若是久长时，又岂在朝朝暮暮。"这固然是对劳燕分飞、分居两地的夫妻的心理安慰，但未尝不是对终日厮守的情侣的醒世忠告。因为即使是恩爱夫妻，天长日久的耳鬓厮磨，也会有爱老情衰的一天。

　　有人用刀与鞘来比喻生活中的夫妻，说如果刀与鞘天天黏在一起，一点恰当的自由和独立的空间都不给对方，那么最后就可能完全锈死了——虽然从外面看还是有一个完整的形象，但是实际上早已经名存实亡。夫妻之间也是如此，如果彼此间没有独立的心灵空间，就会使爱情窒息而亡。

　　一位即将出嫁的女孩，向她的母亲问了一个问题："妈妈，婚后我该怎样把握爱情呢？"母亲听了女儿的问话，温和地笑了笑，然后从地上捧起一捧沙。女孩发现那捧沙子在母亲的手里，圆圆满满的，没有一点儿流失，没有一点儿撒落。接着母亲用力将双手握紧，沙子立刻从指缝间泻落下来。待母亲再把手张开时，那捧沙子已所剩无几，女孩望着母亲手中的沙子，领悟地点点头。那位母亲通过这一举动告诉她的女儿：爱情无须刻意去把握，越是想抓牢自己的爱情，反而越容易失去自由。失去彼此之间应该保持的宽容和谅解，爱情就会因此而变得毫无美感。

　　每个人都希望自己永远拥有幸福美满的爱情，那么不妨学着用一捧沙的情怀来对待爱情。好好珍惜，好好把握，并给爱留一个适度的空间，这样婚姻才能圆圆满满。中国画讲究留白，有了空白才更美。西方哲人更提出：美即距离。没有距离，也就没有了美。那么，如果你真的爱对方，就请给他（她）留一点空间，不要让爱人透不过气来。不爱那么多，只爱一点点。

◇ 疑心成狂

　　对爱人的猜疑，不少人都有过，只不过轻重不一，有些人的猜疑心过重，甚至喜欢捕风捉影，听风就是雨，常常给自己树立一个假想敌，对方一有单独外出的机会，或者电话什么的，就怀疑是与情人约会、与情人通话，搞得双方心里都很紧张。我们希望爱人对自己忠贞，希望爱人对自己纯真的心理是正确的，然而过分地看重这一原则，就会对爱人的言行很敏感，正如鲁迅所说的那样，"见一封信，疑心是情书；闻一声笑，以为是怀春了；只要男人来访，就是情夫；为什么上公园呢？总该是赴密约。"而现在呢？上网就是与情人聊天，打电话就是与情人联络感情；出外就是与网友约会，仿佛爱人的一切行动只为了一个目标——寻找外遇。

　　孙超和周敏是大学同学，二人相恋3年，最后携手走进了婚姻的殿堂。婚后的生活开始很幸福，周敏就像影子一样，一直追随在孙超的身旁。她曾幸福地说："我要做他的影子，只要他需要我，随时就能找到我。"

　　然而出人意料的是，数年以后，他们竟离婚了！孙超告诉朋友："其实我们彼此还深爱着对方，但是这份爱让我太过疲惫，我只能选择放手。"

　　当朋友问及缘由时，孙超回答："男人需要应酬，或多或少都要喝点酒，可是她反对，于是我就戒酒。在她面前，只要是不突破底线的事情，我从不坚持。我知道她这是为我好，我应该给予她相应的尊重，久而久之这便成了她的一种习惯，她一直左右着我的生活。或许在她看来，唯有如此才能说明她在我心中的重要。"

"于是你厌烦了，想要摆脱？"朋友问道。

"不，若是如此我们根本不可能将婚姻维持到今天。而且，这种情况下我该感到解脱才对，可为什么心中还会隐隐作痛呢？"

原来，婚后不久孙超去了一家外资企业，而周敏去了政府部门，工作强度相差甚远，孙超为了赶任务经常需要加班，而周敏一直很清闲。最初，周敏只是抱怨，抱怨孙超没有时间陪她。时间久了，这种抱怨逐渐升级为猜疑。他加班回家晚，她就等着他，他不回来她绝不睡觉。他回来以后，她就趁着他洗澡的间隙去翻他的口袋、嗅他的衬衣、翻看他的手机……看看能否从中找到一些证据。他上班时，她每天都要打几个电话"关心"一下，却从不顾及他的感受。再后来，她甚至会因为朋友间的一个玩笑信息，追着他盘问半天。

时间久了，他累了，她也累了，生活、事业重重压力之下他实在疲于花费精力去解释，既然两个人在一起猜疑多过于开心，不如暂时分开让彼此冷静一下。一段时间以后，他找到她，希望两个人能够重新开始，重新找回以往的甜蜜、温馨与信任。但是，她拒绝了，她之所以拒绝不是因为不爱，而是因为无法面对，她无法面对他，更无法面对自己，她不知自己被什么迷了心窍，竟去无端猜疑一个如此深爱自己的男人。是她害得他离开，是她害得自己疲惫不堪，她不知该如何去面对这一切，所以只能选择从他的世界中消失……

你是否也曾做得有些过火，将爱禁锢在自己编织的鸟笼中，让对方感到无法呼吸？生活中有很多人认为，爱就是紧紧相拥，不留一点空隙，因为一旦有了距离，爱也就疏远了。其实爱情与人一样，需要起码的空间、氧气作为生存条件。将爱紧紧攥在手心里，爱情的一方必然会感到压力十足、会感到难以喘息，这只会逼迫他逃离。

俗语说："物极必反。"管得太死，就会使对方产生逆反心理，对方不仅不认为这是爱的表现，反而觉得你太多疑，对自己不信任。你整日疑神疑鬼，他（她）整日提防你，这样的爱会累死人的，在如此狭小的空间里，爱情之火就会窒息的。

其实大可不必如此紧张，所有的事情自然有它的游戏规则，哪怕通信、科技再发达，家庭的存续恐怕也不会消失，爱人是以信任为基础的，信任是对爱人最好的尊重，要相信自己的爱人是一个能够正确处理各种事务的人，是一个有着正常判断力的人，是一个懂得感情、懂得尊重、懂得自尊的人，要将爱人当作一个真正的有独立人格的人看待。当我们看到爱人的某一行为，如周敏看到老公记下女同事的电话号码，并有一些电话联系，这些行动并非都是那么的庸俗和狭隘，肯定有自己的正当理由，或者为了公事，或者有什么事情需要双方协商等。

爱人之间的信任，需要双方的共同培植，要从一些细节小事做起，应加强双方的沟通和了解，打消对方的顾虑。在这方面，列宁和克鲁普斯卡娅是我们学习的榜样，他们结婚后，订了一个公约：互不盘问，后来又加上了一条：互不隐瞒。这两条其实不矛盾。互不盘问，就是信任对方，不盘问对方的行踪；而互不隐瞒就是不需对方盘问，自己主动向爱人报告自己的行踪、想法，达到交流感情的目的。有了互不隐瞒，就不必盘问，不盘问对方，双方之间就有了信任感和被尊重感，这些都有助于感情的融洽和家庭的和睦。夫妻之间少些猜疑，多些真诚的交流，要经常交心。有道是："长相知，才能不相疑；不相疑，才能长相知。"当夫妻之间多些坦诚，没有无端猜疑时，就能够做到知心了。

◇ 陈年旧账该忘就忘

我们所能掌握的只有现在，那么我们就只能尽力过好眼前的生活，过去的事情是我们无法改变的，那就只能让它过去，不要让它影响现在的生活。

恋人的前一段感情往往容易被后来者惦记、比较，他或她不但自己对以往的人或事耿耿于怀，而且更不断地提醒恋人——"永远不要忘记。"如此一来，那个原本已经成为过去、与现在毫不相干的人，便长期纠缠在两个人的爱情生活之中，最终导致了爱情的破裂。

其实，既然已经成为过去，既然他或她现在是唯一属于你一人的，你无疑就是爱情中的胜者。那么，我们又何必拿自己与一个失败者去比较呢？

"一旦拥有，别无所求"，拥有美好的事物时，我们虽说应该居安思危，但亦不可思危过度，每日纠结于那些已经成为过去的故事，而应好好地去珍惜它，唯有如此，我们的爱情才能永远成为自己的一份实在、一份瑰丽。

7岁的孩子在与妈妈玩耍。

小男孩翻着爸爸的相册，赫然出现一个面容姣好、身材漂亮、充满青春活力的妙龄少女，使人眼睛一亮。

"妈妈，这个大姑娘是爸爸以前的女朋友。"孩子歪着头逗妈妈，

"这是爸爸说的。妈妈,你气不气?"

"有什么气的?都是过去的事了,只要你爸现在是我的就行。小孩子别瞎说。"已经发福的妈妈脸上洋溢着幸福的笑,老公确实对她很不错,人有本事,又老实,在单位人缘、名声极佳,她真够幸福的!

"只要现在是我的!"她能够真诚地体谅和理解丈夫的过去,并在现实中奉献全部的爱心来关心和照顾丈夫。她从不对丈夫斤斤计较、耿耿于怀,如此豁达的心胸怎能不令全家相处安然,甜蜜幸福呢?

"只要现在是我的",是一种对世事的豁然与达观,是一种对待自身处境的知足和满意,也是一种发展的沉着与务实。

能够满足于"只要现在是我的",才能珍惜你所梦寐以求的东西,才会呵护、努力保持并使这一美梦持续和升华。

放下过去,爱才能释怀。爱情的路上请朝前看,无论你的爱人发生过什么,毕竟那时你没有遇到他(她),那时的他(她)不属于你。你没有必要,也没有资格死死揪住他(她)的过去不放。只要现在他(她)在你身边陪着你、珍惜着你、深爱着你,就足以抚平以往的创伤。

二、两颗心的磨合

✧ 给婚姻做个检查

很多人可以共苦难，但享受苦难过后的甘甜时，反而生出了危机。是什么改变了爱情？是人因为物质而变坏，还是人的本性就如此？又或是其他什么原因？

其实婚姻中所有问题的根本，就在于新鲜感的丧失，这可以说是人的本性使然。人们对于事物的珍重，往往在追求它的过程中显得更突出。爱情也是这样，在追求异性的过程中显得无比的热情和急切，一旦过上夫妻生活就会有所冷淡。

不妨静下心来回想一下，自打结婚以后，你们之间是不是不像恋人时期那样相互亲热和富有吸引力了？在你的心中，是否感觉过去的爱情丧失了一部分？答案应该是肯定的。有人说，婚姻是爱情的坟墓，就是对这种现象的夸大。

那么，爱情能否起死回生？这个问题取决于你们是否用心、用情去经营。爱情像极了一株极品兰花，不是栽进婚姻的花盆中就万事大吉了，它还需要夫妻双方为它浇水、施肥、修剪枝叶，这样它才能保持最初的鲜艳与芬芳。

所以每年年终，就像呵护你的爱车、你的身体一样，为你的爱情做一次年检，这样能够最大限度地延长爱情的保鲜期。

何蕊和老公结婚7年了。7年来，虽然平时也有吵闹，但日子过得还算幸福。很多人都奇怪，说这两人性格爱好差异好大，居然还能生活在一块。其实，这种事只有当事人自己心里清楚：每年一次的"婚姻年检"就是他们为爱情保鲜的有效方式。

7年来，每年年终，何蕊和老公都会对共同经营的婚姻进行一番年检。今年元旦那天晚上，他们对这段婚姻进行了第7次年检。

时间定在晚上7点，地点在市中心的浪漫咖啡屋。那天，先生来得很早，手里的红玫瑰把整个气氛衬托得十分浪漫温馨。二人约定，把这一年来彼此对婚姻的感受、对方的优缺点都写在一张纸上，最后还要写出改进婚姻的建议以及第二年的生活计划。一杯咖啡喝完以后，他们的婚姻年检正式开始了。首先由先生发言，总的来说，他对这一年的婚姻状况比较满意，说了何蕊许多优点，比如勤劳、温柔、孝敬父母、持家有方，等等；但同时也指出了何蕊的一些缺点，比如有时只顾工作而忽略身体、有时不大注重形象而素面朝天，等等。

对于先生的中肯批评与表扬，何蕊表示认同并承诺会改进。同时，她也指出了老公的不少优点与不足。比如他的事业心、责任心都很强，也关心家人，但建议他今后少抽烟、少喝酒。先生也非常高兴地接受了何蕊的建议，表示今后会改掉这些毛病。

最后，他们对明年的婚姻如何经营，提出了许多美好而可行的建议。比如每天拥抱一分钟、周末一起去郊游、两年之内要一个小宝宝等。第二天，他们就把这次婚姻年检中发现的问题与来年的计划打印出来，贴在床头，时刻提醒自己，幸福的婚姻应该朝这个方向经营。

其实，只要用心去经营，婚姻是可以保鲜的，爱情是可以永存的。你应该看到过这样的老人，他们手拉着手在夕阳中漫步，你能说他们之间已经没有了爱情？对于婚姻的冥想，就是希望我们每个人都能掌握好经营爱情的策略，这样爱情就会像一坛美酒，在岁月的洗礼下越积越醇，越积越香。

✧ 丈夫，不是石榴裙下的奴隶

　　女人在爱情中往往缺少安全感，她们希望把爱人绑得紧一点，再紧一点，于是，很多男人就成了拴在女人腰带上的丈夫。

　　柳青长得身材苗条，外貌漂亮，性格也温柔可人，她的丈夫刘光余也堪称仪表堂堂，而且对柳青是一往情深。随着时间的推移，柳青心里不知什么时候增添了一个奇怪的想法：为什么刘光余总是对自己这么好，是不是做了什么对不起我的事情，用这些来做心理补偿？于是，她便开始注意起来，不让刘光余离开她的控制范围。刘光余是一家外资公司的业务人员，业务上的应酬比较多，柳青开始怀疑起来，他真的会有那么多应酬吗？她便开始了"查岗"，跟踪过几次之后，看到刘光余与男男女女出入酒楼、保龄球馆、咖啡屋这些地方，更加不放心。她想出了一个对策，每当刘光余说有应酬时，她不动声色，但是只要刘光余出门以后，她便会打电话，今天是自己突然得了急病；明天是宝贝儿子放学没有回家，找遍了亲戚朋友和儿子的同学家也没有找到，儿子失踪了；后天又是自己的钥匙锁在家里，而自己只穿了一套睡衣站在楼梯间里……更离奇的还有父母出了车祸、家里遭了窃贼、自己被几个男人非礼……

刘光余爱妻心切，每次都上当回家，每次都无奈地苦笑，再以后是发火、愤怒、大吵，可是柳青铁下心来，坚持自己的做法。刘光余屡次与客户失约，或半途退场，生意也丢了一单又一单，最终在又失去一笔大生意后，被老板炒了鱿鱼，无可奈何的刘光余最终选择了离婚。

伤心的柳青怎么也想不到，这场悲剧的总导演就是自己，她想把刘光余完完全全地据为己有，却没有料到却永远地失去了他。

把男人拴在腰带上的女人，也许从来未想过，属于世界的男人变成了只属于一个女人时会变成什么样子。

一个结果是挣脱腰带扬长而去，婚姻破裂，家庭解体，想把门关牢结果却连门都被踢得粉碎；另一个结果是男人被制得服服帖帖，变成了石榴裙下的奴隶，失去了自己生存空间的男人，被妻子随意地操纵着，变成了妻子意志的工具，成了傻子。

✧ 妻子，不是锁链下的囚徒

人们常常将婚姻比作围城，围城外的人想进去，围城里的人想出来。为什么有人想进去的地方，有些人却想从里面出去呢？因为相爱总是容易的,只要两情相悦,花前月下,海誓山盟总是很容易就可以做到的。但是真正相处在一起就是另外一回事了,由于性格、爱好、习惯各个方面的差异使两个人相处总会产生各种各样的矛盾。

有很多人高喊捍卫爱情纯洁的口号,将爱人紧紧绑在自己的视线之内,唯恐其越雷池半步,用这种方法维持下去的婚姻,好像是把家庭建成了一座不透风的监狱,而爱人就成了囚在狱中、被判了无期徒刑的犯人,人生来谁不渴望自由,所以狱中的人总想出逃,这种做法等于是亲手将爱情送进了坟墓。

汪旭是一家私营企业的老总,他的生意越做越大,住别墅,开奔驰,资产近千万,刚刚进入而立之年的他唯一的遗憾就是没有一张大学文凭,所以他最大的心愿就是能娶到一位既年轻貌美,又有高学历的妻子,虽然这对腰缠万贯的他来说不算什么太难的事,但具体操作起来他才发现也并非易事,要么就是别人介绍的女硕士、女博士不够漂亮,要么就是自己相中的靓女文化层次太低,就在他有些失望、有些着急的情况下,一次偶然的机会他与一家研究所的博士生导师苗雪相识了,那次他委托这家研究所给自己制定一份项目规划表,在商谈会上认识了苗雪,当时漂亮、端庄、气质高雅的苗雪也随自己的导师参与了这个项目的研究。

汪旭对苗雪是一见钟情,他费了九牛二虎之力才把她追到了手,并娶回了家。他非常珍惜这份来之不易的爱情,为了让娇妻过得风风光光,他在做生意时更加上心、卖力了,可是让他感到痛苦的是,因为他们各自都要忙自己的事业,所以两人相聚的时间太少了,见不到妻子的时候,汪旭的眼前总晃动着苗雪的影子。他担心妻子丰姿绰约,在外面会有许多男人围着她转,所以就动员已经读完博士研究生的妻子不要出去工作了,可苗雪说什么也不同意,她觉得自己读了这么多年的书,回家做全职太太就是对知识的浪费,再说作为一个现代女性她要保持自己人格的独立，要有自己的自尊。

　　这样一来，汪旭每天都掐准妻子下班时间往家里打电话。开始时，妻子还能感受到丈夫的关爱，可时间一长，老是千篇一律那几句肉麻的话，她心里就不舒服了，甚至有点不愿意接电话了。即使接了也有点敷衍了事，当汪旭感觉到妻子在敷衍他时，他便怀疑是不是妻子另有所爱了。于是汪旭便搞了几次突然袭击。出差回来，事先不打招呼，夜深人静时突然回家。开始时，还给苗雪带来一点惊喜。可他三番五次这样做，弄得她神经都有些紧张。

　　一次，汪旭带苗雪出去应酬，大家兴致都很高，不知不觉间几个老板就喝多了，有的就拍着汪旭肩膀开起玩笑："汪总，你真有艳福，不过你小子当心点。"

　　汪旭的脸顿时阴沉了下来，尽管苗雪替他打圆场，可他还是不再说话，大家才发现问题的严重性，都灰溜溜地撤席了。不久，单位准备派苗雪到设在另一个城市的分部去工作3个月，汪旭开始时不同意，后来见无法阻止妻子，就偷偷到妻子单位去打听同去几个男的，得知这次没有男性同行后，他才有点放下心来，但是回家后还是对苗雪千叮咛万嘱咐，说社会很复杂，出门后要每天打电话向自己汇报，要格外注意小节；不要太放松自己，不要去参加请客吃饭，不要在节假日出去玩。

　　妻子刚走两天，他就追到妻子所去的新单位，当他兴冲冲地赶到妻子宿舍时，本应下班在宿舍的妻子却不在，一打听是和别人一起看电影去了，他顿时火冒三丈，一直待在单位的大门口等到妻子回来，看到同去的人里并没有男性，他才没有兴师问罪。如此的"抽查"经常发生，连苗雪的新同事都看出了端倪，大家都开玩笑说，她被人买下了。这让苗雪感到很没面子。再次见面后，她就跟丈夫大吵一场。

汪旭虽然一言不发，任由妻子发泄，但骨子里却更怀疑妻子变心了，他想不通自己到底错在什么地方？作为丈夫，他让她锦衣玉食，更对她百般呵护，至于他有些不放心她，那是爱她的表现。她怎么就不理解呢？

于是他便专门请了私家侦探，跟踪、调查妻子下班后的行动。

妻子回到家里，他又继续请人跟踪妻子，终于有一天，苗雪发现了丈夫的勾当。她觉得丈夫给自己的不是爱，而是绳索，于是向法院起诉离婚了。

天长地久的爱，不是用誓言来为对方戴上手铐，而是用信任把她释放，谁如果想把爱情囚禁起来，那么他就会失去爱情。

✧ 幸福婚姻的秘诀是宽容

两个不同性格、在不同环境和背景中成长起来的人生活在一起，产生冲突和分歧在所难免，如果说婚姻的双方还希望和和美美地过日子，那么首先就要了解和接纳彼此的性格，其次还要在共同的生活中磨合性格。其实性格并不是一成不变的，它完全可以因为后天的经历和环境而发生改变。爱情的力量是巨大的，有的人会因为爱一个人而一改倔强的脾气，变得很顺从。如果夫妻双方是真正相爱，就应该不断地调整各自的价值观，不断地磨合双方的性格，否则只能落个劳燕分飞的结局。

两个人生活在一起，包容与接纳是不可或缺的，否则我们的婚姻就会没有张力、没有韧性，就很容易被一些生活琐事繁情所击碎。有时候，我们对身边的那个人多一些宽容与理解，就会发现，原来爱情一直很丰富、很美好。

英国女王伊丽莎白二世和菲利普亲王60年的钻石婚，无疑是西方童话故事的延续——从此，王子和公主在城堡里过着幸福的生活。在他们的钻石婚纪念日里，英国王室发布了一张俩人的最新合影，女王右手挎在亲王的左臂弯上，俩人微微侧身，相视而笑。令人惊叹的是，除了容颜有了岁月的痕迹外，他们的姿态、神情与装扮居然与60年前的蜜月合影几乎如出一辙，相隔了一个甲子的两张合影，相似度竟高达99%，令世人唏嘘不已，不得不感叹这对王室"模范夫妻"的默契和恩爱。回顾60年的时光，菲利普亲王这样说，幸福婚姻的秘诀是宽容。

是的，在婚姻生活中，如果我们都能让自己变得有弹性一些，那么爱情就不会被繁重的事务压垮。细想想，婚姻这东西其实真的很奇怪，它使得两个本来陌生的人凝聚在一起，彼此磨合着原本独具个性的棱角，可是又总会被彼此的棱角给刺伤。也许你也见过这样的夫妻，他们看起来各方面都很适合，可是就因为一些生活上的小习惯而不断发生冲突。有时候可能只是因为牙膏该从中间挤还是从尾端挤这样微不足道的小事，却摧毁了一桩婚姻。

这显然是因为我们的心太浮躁了。那些烦琐的家事、日益增长的家庭开销，很大程度上影响了我们的心情，婚前的种种憧憬与婚后的现实生活相去甚远，我们的爱情在承受着从浪漫到现实的考验，久而久之，我们失去了耐性与包容……无怪乎恋爱中的人们常常感慨："如果能一直这样下去该有多好！"的确，婚前的恋爱与婚后的爱情之间有着很大的区别。恋爱中的男女们有着尼采笔下酒神的迷狂色彩，而男女恋人们一旦由恋爱迈入婚姻，那些在恋爱时自觉隐藏的性格中真实的一面在现实生活中自然展露出来，从而出现不完美、不调和、不相融的现象。要想很好地探讨这一问题还得从存在于我们每个人体内的性能量说起。

我们每个人的身体里都有一种性的能量和冲动，它不是一种行为，也不是一种释放，而是在我们身体内部的一种躁动、一种冲动。这种冲动在男人被称为男性雄风，而女人则因为受到传统文化对性的贬损影响，将自己强烈的性需求视为羞耻。所以，女人们往往于无意识中将性放在恋爱中最后一道防线，将爱与婚姻作为解除这道防线的最后条件。于是男女之间的"权力游戏"便粉墨登场。一个可以轻易感受自己需求的男人，面对一个拥有资源的女人，这股性能量会被升华到一个不可觉察的状态，它使男人突然变得专注、细心、体贴、温柔、浪漫，想尽办法挤出时间来陪伴对方，男人就此认为自己爱上了对方。此时女性多是拥有权力的一方，在对方尊重、陪伴、倾听、细心的呵护下于是有了婚约，亲密关系发生。过了数年或数月，性能量（新鲜、刺激、冲动、浪漫、激情）逐渐衰退，权力架构开始改变，此时拥有需要的一方是女人，诸如对家庭、子女的重视，对安定与幸福的渴求等。此时男女间权力的本质未变，作用力却恰好相反了。

在恋爱中，"性能量"所带来的浪漫、激情与"爱"的深刻是有所不同的。你不去触碰一个人真实的个性，与之真诚、坦白、真实地互动，而只是为了得到对方的好感而摇身一变成为电影小说中的男女主角，用敏锐的心理触须去探索对方的喜好而不是做你自己，那么你与他所爱的只不过是自己的一个梦想，而并非真实的自己。

爱一个人，如果在他愤怒的时候你不了解他受了什么伤，哪个地方被刺痛了，所以要以愤怒来掩盖自己的伤口或击退对方对自己的伤害；如果他绝望的时候，你不了解他经历了多少次挫败、多少辛苦的努力、多少期待的落空，累积了多少无奈、无助、无力感；如果他心碎的时候，你不了解他的失落、幻灭、执着的泯灭；如果他恐惧的时候，你不了解他生命的历程，曾经历的一次又一次的伤害……那么，请问你是在真的爱吗？其实你爱的只是你自己没有觉醒的、所有的贮藏在你生命潜意识里的那些生命的经验，如果那个人呈现的状态符合你想爱的样子，你爱他；如果那个人呈现的状态不符合你想爱的样子，你就不爱他，甚至包括你的家人和孩子。

所以有人说：婚姻才是真正爱情的开始。而只有一个拥有健全人格、在健康状态下逐渐长大的人，才会发展出正常的爱的能力。试想，如果在成长过程中自我曾经受过伤，自我性格本身就不够完善，那就会很难发展出爱的能力。在这种情况下，要去爱、要去给予，背后往往带着很大的"想去要"，如果要不到的话，那就会痛苦和受伤，必然会带来很大的牺牲。

在爱中，"爱他所有"就是看对方性格有多少是自身不能接纳的，然后对这个不能接纳的部分进行探索——是自己生命中什么样的经历让你萌生出对他的不能接纳。然后让对方也取得共识，他也愿意真实地表达对你性格中的哪个行为是欣赏的，哪个部分是讨厌的，哪些时候愿意接近你，哪些时候想和你保持距离，哪些状态他有能力支持你，哪些状态因为你给他带来的压力而只想疏离你，只有两个人都愿意彼此真实地面对，袒露自己真实的性格，并在分享的过程中逐渐发现彼此的不足，然后给予彼此空间和时间。那么，随着两个人的共同成长就会逐渐发展出一个渐渐融合的二人关系。

✧ 多一些检讨，多一些担当

白头偕老不是一句空泛的誓言，而是融入每一天的生活细节里的行动。白头偕老不仅仅需要爱情的支撑，更需要彼此的理解和礼让，而这理解正体现在日常生活中。

爱情的成功与否其实暗含着很多原因。我们要有付出的能力、理解的能力、宽容的能力和自我承担的能力。付出才能得到回报，理解和宽容才能营造爱情继续生长的环境，自我承担才不致使爱情成为萎靡不振的祸首。

在日常的生活中给对方多一些理解，在细节中给予对方更多的关心和体贴，不动辄揪住"鸡毛蒜皮"的小事不放，你会发现生活更美好了，家庭更和睦了。例如，妻子娘家来人，丈夫疏忽，忘了给客人沏茶。妻子大声呵斥起来："你这样不懂规矩，是不是看不起他们？你看不起他们，就是看不起我……"这时，丈夫决不能采取"以牙还牙"的顶撞态度，而应有"宰相肚里能撑船"的气量，暂且不去计较妻子的话说得难听或是否符合事实，而要多想想妻子平时对自己的恩爱，过后再找机会向妻子说明原因，并指出她在客人面前奚落丈夫是不对的，这样就可避免一场不愉快的"冲突"。

一次，夫妻二人决定坐下来好好谈谈。

妻子说："你有多久没有回家吃晚饭了？"

丈夫说:"你有多久没有起床做早饭了?"

妻子说:"你不回家陪我吃晚饭,我有多寂寞啊。"

丈夫说:"你不给我做早饭吃,你知道上午工作时我多没有精神。上司已经批评我好几回了。"

"早饭你可以自己弄的啊,每天回来那么晚吵我睡觉,我怎么能起得来。你可以不回来陪我吃晚饭,我就可以不给你做早饭。"妻子不高兴地说。

"你知道我一天上班有多辛苦,压力有多大。一个晚饭,自己吃怎么了,难道你还是孩子,要我喂你不成?"丈夫也没有好气地说。

妻子抱怨说:"你总是喝得烂醉而归,有多久没有给我买花,多久没有帮我做家务了。"

丈夫也不甘示弱地说:"你知道你做的饭有多难吃,洗的衣服也不是很干净,花钱像流水,有多久没有去看我的父母了……"

就这样,夫妻二人你一句我一句地互不相让,最后竟翻出了结婚证要去离婚。

在去街道办事处的路上,他们遇见了一对老夫妇正相互搀扶慢慢走着,老妇人不时掏出手帕给老公公擦额头上的汗,老公公怕老妇人累,自己提着一大兜菜。这对年轻夫妇看到这个情景,想起了结婚时的誓言:"执子之手,与子偕老。休戚与共,相互包容。"可是现在竟然……

于是他们开始互相检讨。丈夫说:"亲爱的,我真的很想回家陪你吃饭,可是我实在工作太忙,常常应酬,并不是有意忽略你啊。"

妻子不好意思地说:"老公,我也不对,不应该那么小气,你在外工作挣钱不容易,早上我不应该赖床不起的。"

"早饭我可以自己热,每天回家那么晚一定吵你睡不好觉,你应该多睡会儿的。"

丈夫忙说，"刚才在家我不应该那么凶地和你说话，我知道自己身上有很多毛病……"

妻子也忙检讨自己……

就这样，这场离婚风波平息了。从此之后，夫妻俩变得互敬互爱，彼此宽容忍让，更多地为对方着想，恩恩爱爱。其实，导致婚姻失败、爱情终结的常常都不是什么大事，而是一些日常琐碎小事中的摩擦。

相互理解才能让彼此互相交流、融洽，相互理解才能让感情维系长久。埋怨只能让彼此疏远，让爱情更早地被葬送。但宽容也是有原则的，并不是一味地忍让，而是不要斤斤计较，付出就索取回报。要常常换位思考一下，不要把自己的想法强加于人，要给予对方解释的机会。

有时候婚姻的另一方，一不小心撒了谎，大可不必刻意去揭穿他，更不用和他拼命，就算你洞悉一切，你仍然可以傻傻地笑着说，我只是担心你。潜台词就是我知道，但我不打算计较。特别是有第三方在场的时候，你给他留足了面子，他一定会心存感激，感激你的包容和护佑，会把你当成同盟，当成分享秘密的另一方，这种唾手可得的甜蜜，何必推辞掉？

✧ 冷战，伤之不起

人追求独立，本无可非议，而且应该大力提倡。一些人把这种独立看成绝对的独立、自由，不允许任何人干涉，一旦别人触及他的某一领域的利益,他往往做出强烈的反应。比如在经济上,独立固然是好的,但独立并不等于说夫妻二人各挣各的钱,各用各的钱,严格划分二人之间的界限,绝不允许对方侵犯一点自己的经济利益。这样的两个人,虽名义上是夫妻,实质在情感上往往形同陌路,非常淡漠。

有这样一对夫妻,丈夫是在政府部门上班,妻子是一家国有工厂的工人。丈夫业余时间喜欢动动笔杆子写点东西,或捧着一本书读得津津有味;妻子漂亮热情,业余时间喜欢去舞厅跳跳舞。

起初,丈夫硬着头皮陪妻子去舞厅,但那种灯红酒绿的生活令他眩晕。他怀着厌烦的情绪劝导妻子不要再去那种地方,妻子却反驳道:"如果我不让你看书,不让你写作,你愿意吗?"

丈夫哑口无言。妻子带着胜利的微笑轻松地哼着小曲走了,房间里只留下妻子身上那种醉人的香水味道。丈夫愣愣地坐在沙发上,一支接一支地吸着香烟。他觉得妻子的理由是靠不住的,读书写字,乃文人雅趣,格调高雅,陶冶人的情操。幽暗放荡的舞厅,三教九流的闲人,有很多是穷得只剩下光棍一人,在那里一起疯狂地摇摆,哪能与读书吟诗的雅事相提并论。

以前,家里的"财政大权"无须商量,自然牢牢地掌握在妻子手中,丈夫在劝妻子戒舞失败后,决心"冻结"妻子的经济来源。起初,他不再将自己的工资交给妻子,认为妻子微薄的工资一定供不起她每日去舞厅,经常换舞鞋以及购买高档化妆品,结果他发现妻子几乎把自己的工资全部花在了跳舞上。妻子每天玩得高高兴兴,回到家中嘴里还哼着轻快的舞曲,于是,他只好另想办法。

他首先从妻子的屋中搬了出来,每日和妻子"横眉冷对",接着,又将一切家务一分为二,列出清单放到妻子的床头。饭自然由妻子来做,衣自然由妻子来洗,孩子自然由妻子来照顾,哪怕妻子由于工作忙而没时间洗衣服,他也绝不动一个指头。因为那是"和约"上写明的，各司其职，绝不互相干涉。帮忙，岂不也是"干涉"的一种？至于经济上，他不但自己的钱分文不交妻子，甚至到妻子的单位，利用他的"领导"身份，将妻子的工资事先领走，妻子找他理论，他却也振振有词："以前家中财政大权由你掌握，我说过什么吗？现在由我来管，有什么不可以？"妻子竟也无言以对。

于是，妻子也采取"冷战"政策，丈夫的衣服不洗，丈夫的饭不给做，丈夫的东西全被扔到"丈夫的房间"里，孩子，每人带一天，谁也不肯让步。总之，整个家似乎被分成了互不相融的两部分。

最后，妻子干脆辞掉了厂里的工作，自己去租了一组柜台卖服装。由于眼光敏锐，有胆有识，竟然干得有声有色，不久便自己开了一家时装店，办起了公司，财源滚滚而来，远非她昔日那点工资可比。"家"的名存实亡，在她的心中留下了很重的阴影，她决定提出离婚。丈夫起初不同意，并以孩子可怜为由，试图留住妻子，但妻子去意已决，不可动摇。

"我们现在这样生活与离了婚有什么两样？不同吃，不同住，互不干涉'内政'、'外交'，我们跟两个没有任何关系的人有什么区别？缺的只是那一纸离婚证书。"丈夫冷静地想了又想，觉得妻子说的确实有道理，便同意离婚，一个原本很温馨、很美满的小家庭就这样解散了。

由意见分歧互不相让到"各自为政，互不干涉"，这个家庭由"名存实亡"走向了真正的破裂，这里面的教训不得不引起我们的思考与重视。假如丈夫与妻子中有一方稍做妥协，"糊涂"一点，不采取那种将家庭一分为二的分庭抗礼的措施来冷淡对方，而是以"润物细无声"的春雨似的柔情去感化对方，那么又将会出现另一种结果。

其实，把配偶看作自己的私有财产，干涉对方的社交活动和限制对方的行动，是十分愚蠢之举。

聪明人，三分流水二分尘，不会把所有的事探究个一清二楚，就算你天生有一双火眼金睛，世事洞明，到头来伤了的不仅仅是眼睛，还会连累婚姻，只要把握住婚姻生活的大方向，不偏离正常的轨道，不偏离道德的航线，有些鸡毛蒜皮的小事还是不要过于计较为好。

俗语说："物极必反。"管得太死，就会使对方产生逆反心理，对方不仅不认为这是爱的表现，反而觉得你太多疑，对自己不信任。你整日疑神疑鬼，他（她）整日提防你，这样的爱会累死人的，在如此狭小的空间里，爱情之火就会窒息的。

❖ 唤醒爱的激情

婚姻是一场终身的事业，事业的每个阶段都会有低谷；婚姻又是一条长满刺的毛毛虫，在两个人的身上不断地磨蹭，需要与它斗智斗勇。胜负的标志是它先褪光了刺，还是你先过敏。正因为这样，我们需提前做好准备，当毛毛虫犯痒的时候，当婚姻处于低谷期的时候，我们就可以笑看风云，从容应付。

步入婚姻殿堂的人们，或许即将或许正在与7年、10年之痒做斗争，但是这些"N年之痒"绝对没有想象中那么可怕，只要我们经受住时间的考验，慢慢地磨合，那么我们的婚姻肯定能安全度过这些"N年之痒"。

夫妻感情归于平实是"N年之痒"的主要原因。人们对事物的珍重，往往在追求它的过程中显得更突出。爱情也是这样，在追求异性的过程中显得无比的热情和急切，一旦过上夫妻生活就会有所冷淡。

结婚之后，夫妻之间往往不像恋人之间那样相互亲热和富有吸引力了，双方都感到过去的爱情丧失了一部分。有人说，婚姻是爱情的坟墓，就是对这种现象的夸大。

作为一种很普遍的现象，婚后爱情的淡化与异性好奇感的消失密切相关。一般说来，在结婚之前，恋人往往期待着结婚，寄予结婚以十分美好的希望，憧憬着婚后的幸福生活。结婚以后，希望得到的都得到了，好奇感也就没有了。

婚后爱情的淡化还与婚后夫妻双方注意力的分散和转移相关。在恋爱阶段，恋人都是聚精会神地与对方交往，以各种亲密的方式传送和接受爱。新婚蜜月阶段也是这样。可是，蜜月之后，夫妻的注意力分散了：要工作，要考虑吃、穿、住，要应付各种社会关系，要赡养长辈。特别是有了小孩以后，母亲为生活而操劳，父亲为生计而奔波。这样，夫妻之间就很难再有恋爱时那样多的甜蜜交往，更不如新婚时那样兴趣盎然。因而，有的人不免觉得感情冷淡，若有所失。

其实，随着种种社会伦理关系的建立，尽管冲淡了夫妻之间直接的情感交往，但中介性的交往却时时刻刻在进行着，中间绳索把两人拴得紧紧的，如果是现实主义者则会感到爱在加深。比如夫妻间的相互关照、对孩子的教养、家务的操持等都是爱情的现实表现，通过这些活动可以帮助、体贴对方，加深感情。爱情并不在于说多少爱的呓语，而是要见之于行动。正如车尔尼雪夫斯基所说的那样："爱一个人意味着什么呢？这意味着为他的幸福而高兴，为使他能够更幸福而去做需要做的一切，并从这当中得到快乐。"

尽管结婚之后好奇心满足了，注意力有所转移和分散，但爱情并没有完结，爱的表现方式更多了，爱的体验更深了。一个方面的因素没有了，另外诸方面可以到来，甚至还会更充实、更全面、更牢固，问题在于每一个人能否体会到这种生活的乐趣。一个会生活的人，也就是奋力追求爱并真正懂得爱的人，对种种输出和输入的形式，他（她）都能适应，并加以发展。

妻子诞下麟儿以后，原本的甜蜜便日渐淡化，他们白天要工作，晚上又要照顾孩子，忙得不可开交，渐渐地，话越来越少。

敏感是女人的天性，她首先意识到了二人间潜伏的危机，于是，她对丈夫撒娇："我有一个要求。"

"要求？是什么呢？"丈夫有些好奇。

"每天抱我一分钟。"

丈夫看了她一眼，坏笑："老夫老妻，有这必要吗？"

"我既然提出这个要求，就证明它是有必要的；你做出这样的回答，就证明它更有必要。"

"情在心中，何必露骨地表达呢？"

"假若当初你不表达，会娶到我吗？"

"怎能相提并论？当初是当初，现在我们不是爱得更深沉了吗？"

"不表达未必就是深沉，表达未必就是做作。"

二人互不相让，不久便吵了起来。最后，为了平息这场"战争"，男人首先做出妥协。他走到床边，将妻子抱在怀中，笑道："你这个虚荣的女人。"

"在爱情面前，每个女人都是很虚荣的。"她说。

此后，无论多忙，他每天都会抱她一分钟。慢慢地，二人的关系生发出了新芽，他们心中弥漫着一种新的和谐。即使常常相拥无语，但此时的沉默与彼时的沉默，在情境与意味上，显然有着天壤之别。

那一日，女人要去南方出差，临上飞机时，她对他说："这段时间，你可以解脱了。"

他赧然一笑，露出大男孩的神情："我会想你的。"

果然，她刚刚走出机场，就接到了丈夫的电话，一瞬间，她心中荡起了阵阵暖流……

夫妻生活中不可能没有矛盾，生活习惯、思维方式、为人处世等各方面不可能都一致，这就不可避免地导致矛盾。建立于爱情基础上的家庭也会时常有矛盾发生。两口子过日子鲜有不磕磕碰碰的。家庭中的大小矛盾，或多或少，或轻或重都会影响到夫妻感情。夫妻之间的矛盾根源何在？夫妻的矛盾心理有何表现？怎样克服这些矛盾？是每一个成家立业者都应特别关心的问题。

细细想来，"N年之痒"实际上就是婚姻生活中的某一段时期处于低谷期，就像人的情绪有高潮有低谷一样，只要我们正确看待和面对这段低谷期，把它看成我们生活中的调味品，那么我们的生活岂不是会更丰富多彩？生活本来就不会一直风平浪静，只要怀着一颗盛满爱的心，用真情、真诚去面对一切，婚姻生活一定会一直幸福。

✧ 惊喜，让婚姻充满激情

人生的情趣在于意外，意外的确能让婚姻找回恋爱时的激情……生活中，你偶尔会发觉，日子一天比一天难熬，活得一点意思都没有，自己这辈子都没做过什么惊天动地的大事，时间像是静止了一样。

其实，我们觉得生活没有意思，是因为已经太久没有给生活创造惊喜了。如果我们能学会时常给生活创造一些意外惊喜的话，那我们的生活就变得更加有味道了！罗晋和刘熙已经相爱多年了，刘熙在家人的反对声中，跟着罗晋去了一个很远的地方为理想奋斗。在他们的婚礼上，既没有浪漫的婚纱，也没有花车，甚至没有得到亲友的祝福，可以说是一场非常朴素的婚礼。从此以后，两人过起了节俭的生活。

不久，刘熙怀孕了，而罗晋又偏偏在这个时候失业了，他们面临着经济危机的考验。罗晋开始到处打散工，而刘熙就每天晚上在大门口等着罗晋回家。刘熙并没有因此而感到空虚或寂寞，因为每次罗晋回来都会给刘熙带来一些东西，虽然有时只是路边摘的小野花，但也能让她开心很久。

十月怀胎，一朝分娩，刘熙在分娩的过程中难产，虽然最后母子平安，但却让本来就拮据的二人又欠下了一笔不小的债务。因为罗晋要在家里照顾刘熙，所以只能辞去工作。3个月后，家里的钱几乎都花光了，但还有3万多块钱的债务没有还。刘熙哭了。

好在天无绝人之路，在一位朋友的介绍下，罗晋找到了一份工作。没过多久，公司派他去北京出差。他忽然想起妻子已经很久没买衣服了，但又不记得妻子的尺寸，就给刘熙打电话问尺寸。刘熙坚决反对，因为她不想让老公乱花钱。

最后，罗晋还是给妻子买了几件新衣服。回到家后，妻子试了试新衣服，都不合适，她又哭又笑地抱住了老公。从此以后，刘熙一直穿着老公送给她的衣服，虽然都不合适，但这些衣服在她心里却是最好的。

后来，他们的生活越来越好。罗晋不再送野花给刘熙了，在一些特别的日子里,他总是送给妻子一束鲜艳的玫瑰花。而每次罗晋回到家里,刘熙总是给他一个深情的拥抱和一个亲吻,而这些也已经成了他们的习惯。夫妻二人总是如胶似漆、恩恩爱爱的。

又过了10多年,罗晋有了自己的事业,并且如日中天。他忙得开始顾不上妻子了。在他看来,家里的富有好像让妻子什么都不缺。但就在他40岁生日那天,妻子却突然提出了离婚。罗晋被惊呆了,问妻子为什么。妻子说要回家照顾体弱多病的父母。离开时,她并没有向罗晋提出什么要求,唯一的要求就是带走堆放在阁楼上的那几个纸箱装着的东西。箱子里放着昔日他送给她的那些"惊喜"。没错,真正的生活确实是平淡无味的,但并不代表我们不向往激情。其实每个人的心中都有无数颗激情的种子,都期待它们能发芽。惊喜就是其中之一。

虽然以前他们的经济状况是那么的不好,但罗晋却经常给刘熙带来一些小小的惊喜,刘熙依然觉得很幸福。后来当罗晋为了事业而忽略了妻子,忘记给家庭制造一些惊喜的时候,前所未有的婚姻危机便悄悄出现了。这就说明了,惊喜能给平淡的生活带来无穷的活力。

人如果过太久平淡的生活,就会渐渐失去活力,并且感到麻木而沉闷。想在生活中永远保持浪漫和活力,那就让自己主动给生活制造一些小惊喜吧!一次,李军要去香港出差。正当他在旅途中感到烦闷时,忽然想起了妻子在他出门的时候对他说:"包里的小盒子里有点心,饿了就吃吧。"当他打开包里的小盒子时,里面装的竟然是一台MP3。

他高兴极了,因为工作原因,他需要经常出差,早就想买一个MP3解闷,却没料到妻子帮他提前买好了。他还惊喜地发现,里面的歌都是他喜欢听的,还有几本他特别喜欢看的小说的MP3格式。他想起妻子说过他眼睛不好,又爱看书,要帮他找一些MP3格式的电子书,他以后就可以直接"听"书,这样就彻底解放他的眼睛了。而这些,妻子竟然全都帮他实现了，他的眼睛不由得湿润了。那个旅途，有妻子的陪伴，他不再感到烦闷和无聊了。

他记得还有一次，在吃晚饭时他抱怨生活真是越来越没意思了，每天准时起床，准时赶车，定时打卡，总是做着千篇一律的事情；到了下班时间，坐着同样的车，吃同样的饭，接着还要做着相同的事情。第二天下班，当他推开家里的门，惊喜地看到妻子为他准备了一桌丰盛的菜。吃完饭，妻子说："亲爱的，跟我来，我要让你看一样好东西。"妻子把他拉到卧室里，他看到沙发上放着一把精美的小提琴。他看着小提琴，又看了看妻子，感动得哭了。

在大学时代，他对小提琴有着极度的热爱，他的理想就是成为一个音乐家或小提琴家。可是，现实生活的残酷让他每天不得不为了生计和房子奔波，他只能放下了自己的理想。然而，没想到的是，自己无意间的抱怨却让妻子想起他大学时代的理想，还特意给他买了一把小提琴。他感动地吻了吻妻子，然后轻轻地拿起小提琴，开始拉了起来。他已经很久没有拉小提琴了，虽然拉得有些生涩，但琴声依旧婉转悠扬。他们慢慢地陶醉在琴声里。晚上，他搂着妻子说："今天我真的太高兴了，没想到你会给我这么大的惊喜！"

李军回忆起妻子为他制造的种种惊喜，想起她点点滴滴的好，脸上不禁出现了陶醉的表情。很明显，这对夫妻是很恩爱和甜蜜的，而这些恩爱和甜蜜都是"惊喜"给他们带来的！

由此可见，在平淡的生活中，偶尔制造一些惊喜作为添加剂来充实生活是很重要的。很多人觉得创造惊喜真的很不容易，想破脑袋也想不出来，其实并非如此，只要你平时多留意身边的人，多了解一点点，看看他喜欢什么、需要什么，就能轻而易举地创造出惊喜。

真正的惊喜往往是在意料之外、向往之中的，是他心里真正想要的一些东西或感受，而不是你认为他所需要的。如果你不知道对方需要什么，就自以为是地准备，那么，往往只会适得其反，不但让你白费时间和精力，而且还没给对方带来什么快乐和惊喜，只会让事情弄巧成拙罢了。

其实，只要在日常生活中细心一些，就很容易发现你身边的人内心深处喜欢什么、向往什么。你在和他朝夕相处中，他总会无意中透露出来到底喜欢什么、需要什么。真正有心的人，会很敏感地抓住他的这种喜好和需要，从而制造出令对方满意的惊喜。

给对方制造出乎意料的惊喜，常常会起到感情"兴奋剂"的作用，从而在惊喜中迸发出强烈的感情火花，掀起沸腾的爱情热浪，也会让平淡无味的生活增加很多乐趣，而你就会得到"幸福像花儿一样绽放"的效果！

三、如果爱情劈了叉

✧ 错了的，永远对不了

错了的，永远对不了。不该拥有的，得到了也不会带给你快乐。

错位的感情即使得到了也不会幸福。所以，任何人在选择自己的爱人时都应该仔细想想，不要奢求那份本不该属于你的感情。现实是残酷的，一旦让感情错位，你所得到的结果就只会是苦涩。

王燕大学毕业后不久就与男朋友文华同居了，可是令她没有想到的是，文华竟背着她跟在法国留学的前任女友藕断丝连；后来在前女友的帮助下，文华很快就办好了去法国留学的签证，这时一直蒙在鼓里的王燕才知道事情的真相，就在她还未来得及悲伤的时候，文华已经坐上飞机远走高飞了。没有了文华，王燕也就没有了终成眷属的期待，她决心化悲痛为力量，将业余时间都用在学习上，准备报考研究生，她想充实自己，也想在美丽的校园里让自己洁净身心。

可是就在这时她发现，她怀上了文华的孩子，唯一的办法是不为人知地去做人工流产，而她的家乡并不在这里，她实在找不到可以托付的医院或朋友。

她的忧郁不安被她的上司肖科长发现了,一天,下班后办公室里只剩下王燕一个人时,肖科长走了进来,他盯着她看了好半天,突然问起了她的个人生活。这一段时日的忧郁不安使王燕经不起一句关切的问候,她不由得含着眼泪将自己的故事和盘托出。第二天,肖科长便带她到一家医院,使她顺利做完了手术,又叫了一辆出租车送她回到宿舍,并为她买了许多营养品。

从那以后,她和肖科长之间仿佛有了一种默契,既已让他分担了她生命中最隐秘的故事,她不由自主地将他看作自己最亲密的人了。有一天,她在路上偶然遇到肖科长和他爱人,当时正巧碰上他爱人正在大发脾气,肖科长脸色灰白,一声不吭,他见到王燕后,满脸尴尬。

第二天,肖科长与她谈到他的妻子,说她是一家合资企业的技术工人,文化不高收入却不低,在家中总是颐指气使,而且在同事和朋友面前也不给他留面子,他做男人的自尊已丧失殆尽。说着说着,他突然握住她的手,狂热地说:"我真的爱你。"她了解他的无奈和苦恼,也感激他对她的关心和帮助,虽然明知他是有妇之夫,但还是身不由己地陷了进去。

不知是出于爱的心理还是知恩图报,反正她从此成了他的情人,他对她说的最多的一句话就是:"我是真的喜欢你,你放心,我很快就会办离婚。"可是从来不见他开始行动,她心里明白,他不可能离开老婆孩子,但只要他真心爱她,她可以等待。

他们经常在办公室里幽会,时间一过就是两年,她无怨无悔地等了他两年。一天晚上,当肖科长正狂热地亲吻她时,办公室的门突然被撞开了,单位里另一个科的陶科长一声不吭地在门口站了一会儿,一言不发就走开了。肖科长顿时脸色惨白,原来,陶科长正在与他争夺晋升副局长一职，可见他处心积虑地窥探他们已有多时。肖科长惊慌失措，仓皇地离她而去。她预料到会有事情发生，果然，他捷足先登，到上级那里交代，他痛心疾首地说自己一时糊涂，没能抵挡住她投怀送抱的诱惑。

她气愤至极，赶到他家里要讨个说法，她毕竟涉世未深，她还是个女孩子，他爱人不明就里，把她让到书房，不一会儿，她看到肖科长扛着一袋大米回来了，一进门就肉麻地叫着他爱人的小名，分明是一位体贴又忠诚的丈夫。然后直奔厨房，系起了围裙，等他爱人好不容易有空告诉他有客人来了时，他甩着两只油手，出现在书房门口，一见是她，大张着嘴半天说不出一句话。

刹那间，她的心泪雨滂沱，为自己那份圣洁的感情又遭践踏，也为自己真心错许眼前这个虚伪软弱的男人，所有的话都没有必要再说，她昂首走出了房门。

自尊心很强的她带着一身的创伤，辞职离开了这个给了她太多伤心的城市，从此开始了漂泊的生活。

从古至今，无数的女人在等待中度日如年，憔悴红颜。女人执着地等待，是以为自己没有错，以为心诚能使铁树开花。然而在男女的特定关系中，最难用是非对错来衡量，更多的却是心智、策略和手段的较量与契合，有时等待是合理的，有时等待就是一种浪费，比如爱上有夫之妇或者有妇之夫，这样的等待，时间越长，伤害就越大。在婚外恋中，当事人并非不知什么是应该做的，什么是不应该做的，其实他们心中是雪亮的，只是有时是身不由己，有时是故意与自己过不去。

在对的时间遇到对的人，得到的将是一生的幸福；在错误的时间里遇到错误的人，换回的可能就是一段心伤。在感情的故事里，有些人你永远不必等，因为等到最后受伤的只会是自己。

◇ 爱是流动的河

爱情是变化的，任凭再牢固的爱情，也不会静如止水，爱情不是人生中一个凝固的点，而是一条流动的河。

卓然和陈月，是华南某名牌大学的高才生。他们俩既是同班同学，又是同乡，所以很自然地成了形影不离的一对恋人。

一天卓然对陈月说："你像仲夏夜的月亮，照耀着我梦幻般的诗意，使我有如置身天堂。"陈月也满怀深情地说："你像春天里的阳光，催生了我蛰伏的激情。我仿佛重获新生。"两个坠入爱河的青年人就这样沉浸在爱的海洋中，并约定等卓然拿到博士学位就结成秦晋之好。

半年后，卓然负笈远洋到国外深造。多少个异乡的夜晚，他怀着尚未启封的爱情，像守着等待破土的新绿。他虔诚地苦读，并以对爱的期待时时激励着自己的锐志。几年后，卓然终于以优异的成绩获得博士学位，处于兴奋状态的他并未感到信中的陈月有些许变化，学业期满，他恨不得身长翅膀脚生云，立刻就飞到陈月身边，然而他哪里知道，昔日的女友早已和别人搭上了爱的航班。卓然找到陈月后质问她，陈月却真诚地说："我对你已无往日的情感了，难道必须延续这无望的情缘吗？如果非要延续的话，你我只能更痛苦。"卓然只好退到别人的爱情背面，默默地舔舐着自己不见刀痕的伤口。

爱过之后才知爱情本无对与错、是与非，快乐与悲伤会携手和你同行，直至你的生命结束！世上千般情，唯有爱最难说得清。

是的，只要真心爱过，分离对于每个人而言都是痛苦的。不同的是，聪明的人会透过痛苦看本质，从痛苦中挣脱出来，笑对新的生活；愚蠢的人则一直沉溺在痛苦之中，抱着回忆过日子，从此再不见笑容……

不过，千万不要憎恨你曾深爱过的人，或许他（她）还没有准备好与你牵手，或许他（她）还不够成熟，或许他（她）有你所不知道的原因。不管是什么，都别太在意，别伤了自己。你应该意识到，如此优秀的你，离开他一样可以生活得很好。你甚至应该感谢他（她），感谢他（她）让你对爱情有了进一步的了解，感谢他（她）让你在爱情面前变得更加成熟，感谢他（她）给了你一次重新选择的机会，他（她）的离去，或许正预示着你将迎接一个更美好的未来。

爱情面前，不要轻易说放弃，但放弃了，就不要再介怀。经不起考验的爱情是不深刻的。唯有经得起考验的爱情，才值得你去珍惜，才会使你的人生更丰富多彩。

✧ 别为谁折了羽翼

爱情是两个原本不同的个体相互了解、相互认知、相互磨合的过程。磨合得好，自然是恩爱一生，磨合得不好，便免不了要劳燕分飞。当一段爱情画上句号，不要因为彼此习惯而离不开，抬头看看，云彩依然那般美丽，生活依旧那般美好。其实，除了爱情，还有很多东西值得我们为之奋斗。

放下心中的纠结你会发现，原本我们以为不可失去的人，其实并不是不可失去。你今天流干了眼泪，明天自会有人来逗你欢笑。你为他（她）伤心欲绝，他（她）却可能在与新人调笑取乐，对于一个已不爱你的人，你为他（她）百般痛苦是否值得？

一个失恋的女孩在公园中哭泣。

一位老者路过，轻声问她："你怎么啦？为什么哭得这样伤心？"

女孩回答："我好难过，为何他要离我而去？"

不料，老者却哈哈大笑，并说："你真笨！"

女孩非常生气："你怎么能这样，我失恋了，已经很难过，你不安慰我就算了，还骂我！"

老者回答说："傻瓜，这根本就不用难过啊，真正该难过的是他！要知道，你只是失去了一个不爱你的人，而他却是失去了一个爱他的人及爱人的能力。"

是的，离开你是他（她）的损失，你只是失去了一个不爱你的人，离开一个不爱你的人，难道你真的就活不下去了吗？不，这个世界上没有谁离不开谁，离开他（她）你一样可以活得很精彩。请相信缘分，不久的将来，你一定可以找到一个比他（她）更好、更懂得珍惜你的人。爱情面前，心放宽一点，与其怀念过去，还不如好好地把握将来，要相信缘分，未来你可能会遇到比他（她）更好的、更懂得珍惜你的人！

有些事，有些人，或许只能够作为回忆，永远不能够成为将来！感情的事该放下就放下，你要不停地告诉自己——离开你，是他（她）的损失！

敏儿一直困扰在一段剪不断、理还乱的感情里出不来。

高扬的态度总是若即若离，其人也像神龙一样，见首不见尾。敏儿想打电话给他，可是又怕接听的人会是他的女朋友，会因此给他造成麻烦。敏儿不想失去他，可是老是这样有时自己也会觉得很无奈，她常常问自己："我真的离不开他吗？""是的，我不能忘记他，即使只做地下的情人也好。只要能看到他，只要他还爱我就好。"她回答自己。

但是该来的还是会来。周一的下午，在咖啡屋里，他们又见面了。高扬把咖啡搅来搅去，一副心事重重的样子。敏儿一直很安静地坐在对面看着他，她的眼神很纯净。咖啡早已冰凉，可是谁都没有喝一口。

他抬起头，勉强笑了笑，问："你为什么不说话？"

"我在等你说。"敏儿淡淡地说。

"我想说对不起，我们还是分开吧。"他艰涩地说，"你知道，这次的升职对我来说很重要，而她父亲一直暗示我，只要我们近期结婚，经理的位子就是我的。所以……"

"知道了。"敏儿心里也为自己的平静感到吃惊。

他看着她的反应，先是迷惑，接着仿佛恍然大悟了，忙试着安慰说："其实，在我心里，你才是我的最爱。"

敏儿还是淡淡地笑了一下，转身离开。

一个人走在春日的阳光下，空气中到处是春天的味道，有柳树的清香、小草的芬芳。敏儿想："世界如此美好，可是我却失恋了。"这时，那一种刺痛突然在心底弥漫。敏儿有种想流泪的感觉，她仰起头，不让泪水夺眶。

走累了，敏儿坐在街心花园的长椅上。旁边有一对母女，小女孩眼睛大大的，小脸红扑扑的。她们的对话吸引了敏儿。

"妈妈，你说友情重要还是半块橡皮重要？"

"当然是友情重要了。"

"那为什么乐乐为了想要妞妞的半块橡皮，就答应她以后不再和我做好朋友了呢？"

"哦，是这样啊。难怪你最近不高兴。孩子，你应该这样想，如果她是真心和你做朋友就不会为任何东西放弃友谊，如果她轻易放弃友谊，那这种友情也就没有什么值得珍惜的了。"母亲轻轻地说。

"孩子，知道什么样的花能引来蜜蜂和蝴蝶吗？"

"知道，是很美丽很香的花。"

"对了，人也一样，你只要加强自身的修养，又博学多才。当你像一朵很美的花时，就会吸引到很多人和你做朋友。所以，放弃你是她的损失，不是你的。"

"是啊，为了升职放弃的爱情也没有什么值得留恋的。如果我是美丽的花，放弃我是他的损失。"敏儿的心情突然开朗起来了。

若是一个人为虚荣放弃你们之间的感情，你是不是应该感到庆幸呢？很显然，这样的人不值得你去爱。

大量的事实告诉我们，对待感情不可过于执着，否则受伤害的只能是自己。

在爱情面前，没有谁是强者，一段感情的终结，受伤最深、痛苦最久的当然是被弃者。不过，既然他（她）不懂得珍惜你，那你又何必去牵挂他（她）？做人，失去了感情，但一定要保留尊严，即便你当初爱得很深，也要干脆一点。让他（她）知道，离开他你一样可以活得很好，让他（她）知道，离开你是他（她）的损失！

他（她）离开你，并不意味着你没有魅力了。你真正的魅力取决于你的生命层次。如果你的生命层次很高，即使对方离开了你，也只能说明他（她）的生命层次很低，他（她）不懂得欣赏你。如此看来，你虽然失去了一棵树，但很有可能会得到一片森林。

✧ 该放手时就放手

在情感的世界中,并没有绝对的对与错,他爱你时是真的很爱你,他不爱你时是真的没有办法假装爱你。毕竟你们真的爱过,所以分手时为何不能选择很有风度地离开?

不要为背叛流眼泪,在情感的世界中眼泪从来都只属于弱者。他若是爱你,怎会舍得让你流泪?他若是不再爱你,即便是泪水流尽亦于事无补。

缘分这东西冥冥中自有注定,如果你们错过,那只能说明你们不是彼此一生的归宿,他或许只是你在寻找一生爱情上的一次尝试。如果你自认是生活中的强者,那么不如洒脱地离开,既然曾经深爱,就不要再彼此伤害。

陈露是一位医生,在北京一家很有名气的医院工作。丈夫张仪是一家工程公司的老总,每天忙得不可开交,马不停蹄地在各地跑来跑去。两人见面的时间很少,只是偶尔在周末才聚一聚。

一次,陈露和张仪偶然间在医院的急诊室相遇。张仪向妻子解释说:"我带一个女孩来看病,她是我单位的员工,由于工作劳累过度晕倒了。"陈露看了那女孩一眼,女孩看上去比张仪小很多,脸上带着点野性。陈露心里有一种说不出来的感受。

她便偷偷地到丈夫工作的公司去打探。大家都说从来没有见过像她所描述的这样一个女孩。

陈露听后,立即像失去重心一样。回来后,她给丈夫打了电话,说她已出差到了外地,要一个月以后才回去。

接着她便到丈夫的公司附近蹲守。

蹲守的结果证明,那女孩已经与张仪同居了很久。怎么办?是离婚还是抗争?陈露陷入了极度痛苦的深渊。

那个晚上,她坐公共汽车回家。

车开得很慢,司机好像很懂陈露的心情。车上只有三个乘客,另外两个乘客在给亲人打电话,脸上洋溢着幸福的表情。陈露痛苦地闭上眼睛,回想起摊放在桌上半年多的《离婚协议书》。

突然有人叫她,是那位司机在跟她说话——"妹妹,你有心事?"

陈露没有回答。

"我一猜您就是为了婚姻,"陈露的脸色微微地有点冷暗,可司机却当没看见一样继续说:"我也离过婚。"

陈露眼睛微微一亮,便竖起耳朵细心倾听起来。

"我和妻子离婚了。"陈露的心不由得一紧。"她上个月已经同那个男人结婚了,他比她大4岁,做翻译工作,结过婚,但没孩子。听说,他前妻是得病死的。他性格挺好的,什么事都顺着我前妻,不像我性子又急又犟,他们在一块儿挺合适的。"

陈露觉得这个司机很不寻常。

"妹妹,现在社会开放了,离婚不是什么丢人的事,你不要觉得在亲友当中抬不起头。我可以告诉你,我的妻子不是那种胡来的人,她和那个男人在大学里相爱4年,后来那个男人去了国外,两人才分手。那个男人在国外结了婚,后来妻子死了,他一个人在国外很孤独,就回来了。他们在同学聚会上见了面,这一见就分不开了。我开始也恨,恨得咬牙切齿。可看到他们战战兢兢、如履薄冰地爱着,我心软了,就放他们一条生路……"

陈露的眼睛有些湿润了，她想起丈夫写给她的那封信：

我没有想到会在茫茫人海中与她邂逅。在你面前，我不想隐瞒她是一个比我小很多的女人。我是在一万米的高空遇见她的，当时她刚刚失恋。我们谈了几句话之后，她就坦诚地告诉我她是个不好的女孩，后来我知道她和我生活在同一座城市，我不知为什么，从那一天起，心里就放不下她。后来我们频频约会，后来我决定爱她，照顾她一生。因为她，我甚至想放弃一切……

车到家了，陈露慢慢地走上楼。第二天，她很平静地在《离婚协议书》上签了字。

当你所面临的是这种婚外萌发的真情时，这种真爱就如生长在荆棘丛中的一株野花，在临近深秋时绽开。虽然它开得不是地方，不合时节，但毕竟已在凉凉的秋风中战栗着开放。你又何须一脚将其踏死？即使这样你也会付出惨重的代价。这时，不如退后一步，像一首歌中唱的那样，人生没有翻不过的山，没有蹚不过的河，更没有过不去的坎……

在人生的旅途上，生活给了你伤痛、苦难，同时也给了你退路和出口。所以当你所爱的人为了另一个珍爱的人执意要离你"远行"时，你无须做伤痕累累的最后决斗，而应在适当的时候选择放手。

✧ 下一个，或许更好

人生最怕失去的不是已经拥有的东西，而是失去对未来的希望。爱情如果只是一个过程，那么失恋正是人生应当经历的，如果要承担结果，谁也不愿意把悲痛留给自己。记住：下一个他更适合你。

有一个女孩，一向保守，但由于一时冲动，和男朋友有了婚前性行为。之后，她恼怒、悔恨，却也安慰自己："没关系，他是爱我的！"

后来，男友对她实在是不好，她天天找人诉苦，却又不离开他。妹妹劝她："别再傻了，快些离开他吧！别再和自己过不去。"

现在，她仍和她的男朋友在一起，偶尔流着眼泪诉苦，偶尔安慰自己："他总会知道我是真心对他好的！"也许，女孩想要的只是自我安慰而已。她很会劝别人分手，最常讲的便是："别傻了，快离开那个男人，别再白白受苦。"这么会劝别人的人，最后却劝不了自己，终究也只能令自己受苦。

为什么有些人失恋时，悲痛欲绝，甚至踏上自毁之路？为什么有些恋人在遭遇挫折，不能长相厮守时，会有双双殉情自杀的行为呢？

爱情对于某些人来说，是生命的一部分，是一种人生的经验，有顺境有逆境，有欢笑有悲哀。所以，当和喜欢的人相爱时，会觉得快乐、觉得幸福。当分手时，或者遇上障碍时，会自我安慰："这是人生难免，合久必分，也许前面有更好、更适合我的人哩！"于是他们会勇敢地、冷静地处理自己伤心失落的情绪，重新发展另一段感情。

而另有一些人，会觉得一生里最爱的就是这个人，不相信世界上有更完美、更值得他们去爱的人。所以当这段恋情变化时，就会失去所有的希望，也对自己的自信心和运气产生怀疑。这段关系遭受外界的阻力，就等于"天亡我也"。如此，他们就会变得消极，产生比较极端的想法，极有可能会选择自杀的道路。

其实，现实人生里，没有人是像电影小说、流行歌曲所形容的那样幸福地可以恋爱一次就成功，永远不分开的。大多数人都是经历过无数的失败挫折才可以找到一个可长相厮守的人。

所以当你失恋时，当你们不可能永远在一起时，你应该告诉自己："还有下一次，何必去计较呢？"无论你这次跌得多痛，也要鼓励自己，坚强起来，重拾那破碎的心，去等待你的"下一次"。人生是个漫长的旅程。在这个旅程中，人们大都要经历若干级人生阶梯。这种人生阶梯的更迭不只是职业的变换或年龄的递进，更重要的是自身价值及其价值观念的变化。在"又升高了一级"的人生阶梯上，人们也许会以一种全新的观念来看待生活、选择生活，并用全新的审美观念来判断爱情，因为他们对爱情的感受已然完全不同了。

这种人生的"阶梯性"与爱情心理中的审美效应的关系在许多历史名人的生活中，也可看到。比如歌德、拜伦、雨果等，他们更换钟情对象"往往表现了他们对理想的痛苦探求，同现实发生冲突所引起的失望，和试图通过不同的人来实现自己的理想形象的某些特点的结合"。

虽然更换钟情对象有时是可以理解的，但是，这种选择给人们带来的痛苦也是显而易见的。因而女人们应该尽可能在较成熟的阶梯上做一次新的选择。那种小小年纪便将自己绑缚在某一个男人身上的做法，显然是不可取的。所以，有一天当失恋的痛苦降临到我们身上时，也不必以为整个世界都变得灰暗，理智的做法应是给对方一些宽容，给自己一点心灵的缓冲，及时进行调整，用新的姿态迎接明天。

经历了许多的人、许多的事，历尽沧桑之后，你就会明白：这个世界上，没有什么是不可以改变的。美好、快乐的事情会改变，痛苦、烦恼的事情也会改变，曾经以为不可改变的，许多年后，你就会发现，其实很多事情都改变了。而改变最多的，竟是自己。不变，只是小孩子美好天真的愿望罢了！所以当一份感情不再属于你的时候，就果断地放弃它，然后乐观地等待你的下一次！

✧ 给爱情回旋的余地

据调查，有63%的女人和80%的男人认为，外遇是个人行为，只要两相情愿，就无须限制它的存在。也就是说大多数男人和女人，也可能包括你在内，都认为外遇不是什么大不了的事情，可你想过没有，如果有一天你的爱人背叛了你，你该怎么办？

首先，要保持理智，如果你还爱他，就给他一次机会吧！

事情已经发生了，再生气也没有用，最重要的是要冷静下来面对现实。你们已经结婚数载，爱人的偷情可能只是一时冲动，如果他确实有悔过诚意的话，那么还是原谅他这一回吧！下不为例！表面看来，你好像受了不少委屈，吃了很大亏，事实上，你也有不小的收获哦！

比如他从此以后，一定会对你又敬又爱，这辈子轻易不敢再动"外心"，所以真正的胜利者其实是你。

某地有一位老先生和妻子相爱40载，恩爱逾恒，令人羡慕不已，但其实他们也并不是一路顺畅地走过来的。年轻时，老先生去外地搞调研，结果和宾馆的一个女服务员发生了关系。后来这件事情被妻子知道了，她哭了一夜，然后提出离婚。他吓坏了，苦苦哀求妻子原谅自己，他爱她啊！妻子想了好久，她觉得两人从相知到相爱，最后走到一起实在很不容易，如果因为这件事分手，两人一定都会遗憾终生的。于是她大度地原谅了他，两人又恢复了昔日的甜蜜。从此以后先生的事业越做越大，妻子变得越来越老，但这位先生再也没有背叛过他的妻子。

有时候，给对方一次机会，也是在给自己一次机会。人非圣贤，孰能无过？如果还爱他，就放他一马吧！相信他一定会用更多更忠诚的爱来回报你。

其次，如果已经原谅了他，那就千万别再翻旧账。

月华和展朋结婚10年了。他们结婚是靠借债操办的。两人都在工厂工作，工资不高，婚后还要还债，日子过得十分拮据。他们曾有过一连一个半月吃炸酱面而且酱里还不能多放肉的时候。一台12英寸的黑白电视机，是朋友送的，成了他们劳累一天后唯一的享受。日子虽然过得艰辛，但两人的感情很好，月华没有埋怨丈夫不能像别人的丈夫那样去挣大钱。展朋却有些内疚了，经向月华再三请求，他辞职下海了。但一来二去，不仅没有挣多少钱，反而莫名其妙地卷入了一起诈骗案而被判入狱两年。展朋人财两空。

月华深知丈夫卷入诈骗案只是他初涉商海被人蒙骗。她没有嫌弃丈夫，而且下了决心，辞职摆起服装摊。两年过去了，凭着她的肯吃苦和精明，竟然赚了一笔钱。丈夫出狱后，对月华十分感激，便与妻子一起做买卖。有了上次的教训，他越干越入门儿。又是几年过去，他的生意已做得很大，钱也越挣越多。于是他们购置了楼房和汽车。

  生意做大了，各种交际应酬也越来越多。渐渐地，月华发现丈夫在外过夜的时候也越来越多。同时，也听到了丈夫有了外遇的传闻。她不愿意相信丈夫会这样做，于是开始偷偷地跟踪丈夫，终于有一次她发现展朋和一个女子亲热地走进一家酒店。回家后，月华和丈夫摊了牌，提出离婚。展朋激烈地反对，这个家是两人经历多少磨难才共同建立的，他深爱妻子，从没想过婚姻会毁于自己之手。一连几天展朋恳求月华原谅自己，亲戚朋友们也都来说情，月华终于妥协了。松了一口气的同时，展朋也发誓一定要痛改前非，好好对待妻子。然而一切却并不像他想象的那么顺利。这件事以后，月华像变了个人一样，总对他疑神疑鬼，打探他的行踪，而且月华还常常用过去的事冷言冷语地讽刺他，两人一旦有什么摩擦，月华就把那件事翻出来，跟他大吵，渐渐地，月华翻旧账的行为磨去了展朋原有的愧疚之心，他觉得妻子越来越让人生厌了。一年后，两人离婚了，这一次是展朋提出的。

  月华和展朋曾共同经历了艰苦的日子，可以说两人的感情基础还是比较深厚的。因此，当展朋的外遇行为被揭破时，展朋才会苦苦哀求不愿离婚，月华才会舍不得离开而原谅了丈夫，如果此后月华能放下过往的话，两人一定会成为一对恩爱夫妻，但她却总对过去的事耿耿于怀，一再翻旧账，她这样做或许是想提醒丈夫别再重蹈覆辙了，然而没想到却起了反效果——她把丈夫从身边推开了。其实有些不愉快的事，我们就该把它彻底忘掉，何必再让它留个"小尾巴"，扰乱我们美好的生活呢？

  如果爱人背叛了你，请千万不要在最生气的时候做出决定，那样做你一定会后悔的，夫妻是百年的缘分，如果有可能，还是尽量维护婚姻的完整吧！

缓冲路

欲念·追求·幸福·艰难的平衡

当你得到一个青苹果时,你是不是想得到更多,或者是得到一个红苹果?当你得到更多的红苹果时,你会不会因为没有选择其他水果而后悔?然而选择只有一个!如果你不能有效控制自己的欲望,永远不满足于已得到的,每每你得到时,就都会为相应的失去感到遗憾,如此一来,快乐又何处寻找?

在追求物质的过程中,我们的双脚总是走得太快、太快,以至于把灵魂远远地甩在了后面。我们需要踏上缓冲路,慢下来,歇一歇,想一想:

什么,才是真正的幸福。

一、"钱途"茫茫，人心惶惶

✧ 有多少赚钱的机器

　　金钱不应该是罪恶的根源，但如果金钱让人食之无味，彻夜难寐，那它就会成为戕害你的刽子手。遗憾的是，在很多人心中，对于金钱的执着欲望，永远都无法满足，这就是人们常说的贪婪。这类人或许能够得到很多财富，但却因此丧失了健康、快乐，未免太不值得。

　　1936年，美国好莱坞影星利奥·罗斯顿在英国一次演出时，因患心肌衰竭被送进了伦敦一家著名的医院——汤普森急救中心，因为他的疾病起因于肥胖，当时他体重385磅，尽管抢救他的医生使用了当时医院最先进的药物和医疗器械，但最终还是没能够挽留住他的生命。他在临终时不断自言自语，一遍遍重复道："你的身躯很庞大，但你的生命需要的仅仅是一颗心脏。"

　　汤普森医院的院长为一颗艺术明星过早地陨落而感到非常伤心和惋惜，他决定将这句话镌刻在医院的大楼上，以此来警策后人。

　　1983年，美国的石油大亨默尔在为生意奔波的途中，由于过度劳累,患了心肌衰竭,也住进了这家医院,一个月之后,他顺利地病愈出院了。出院后他立刻变卖了自己多年来辛苦经营的石油公司,住到了苏格兰的一栋乡下别墅里去了。1998年,在汤普森医院百年庆典宴会上,有记者问前来参加庆典的默尔:"当初你为什么要卖掉自己的公司?"默尔指着镌刻在大楼上的那句话说:"是利奥·罗斯顿提醒了我。"

后来在默尔的传记里写有这样一句话:"巨富和肥胖并没有什么两样,不过是获得了超过自己需要的东西罢了。"

的确,多余的脂肪会压迫人的心脏,多余的财富会拖累人的心灵。因此,对于真正享受生活的人来说,任何不需要的东西都是多余的,他们不会让自己去背负这样一个沉重的包袱。人如果想活得健康一点儿、自在一点儿,任何多余的东西都必须舍弃。金钱对某些人来说,可能很重要,但对某些人来说,一点也不重要。不要做金钱的奴隶,金钱不是万能的,它不能买到世间的一切。

庆幸得到了金子,却失去了生活的快乐,有时真正的快乐是和金钱无关的。"人为财死,鸟为食亡",如果把钱财看得太重,结果往往是对自己无益的。最终金钱不但不是为自己服务,自己反而被金钱所奴役。

其实生活的心态是一柄双刃剑,我们通常把拥有财产的多少、外表形象的好坏看得过于重要,用金钱、精力和时间去换取一种令外界羡慕的优越生活和无懈可击的外表,自己却丝毫没有察觉自己的内心在一天天地枯萎。

任何时候我们都不可远离生活中的真善美,不能被金钱所奴役,必须保持一颗不被铜臭所玷污的心,这样才能永远与快乐同行。否则,对金钱和财富的欲望会让我们堕入痛苦的深渊。

幸福和快乐原本是精神的产物,期待通过增加物质财富而获得它们，岂不是缘木求鱼？当我们为了拥有一辆漂亮小汽车、一幢豪华别墅而加班加点地拼命工作，每天半夜三更才拖着疲惫的身体回到家里；为了涨一次工资，不得不默默忍受上司苛刻的指责，日复一日地赔尽笑脸；为了签更多的合同，年复一年日复一日地戴上面具，强颜欢笑……以至于最后回到家里的是一个孤独苍白的自己，长此以往，终将不胜负荷，最后悲怆地倒在医院病床上的，一定是一个百病缠身的自己。此时此刻，我们应该问问自己：金钱真的那么重要吗？有些人的钱只有两样用途：壮年时用来买饭吃，暮年时用来买药吃。

金钱人人需要，但是大量的财富却是桎梏。如果你认为金钱是万能的，很快就会发现自己已经陷入痛苦之中。我们应该把自己放在生活主人的位置上，让自己成为一个真正的、完善的人。只有一个具有生活情趣的人，才能让幸福快乐长久地洋溢在心间。

◇ 钱并不是万能的

有一片茶叶，就会有一片茶叶的痛苦；有一匹马，就会有一匹马的痛苦。有钱固然是好，但是大量的财富却是桎梏。如果你认为金钱是万能的，你很快就会发现自己已经陷入痛苦之中。

当然，我们也不能把所有的罪恶和痛苦都归咎于金钱。客观地说，钱这东西，它既不是善也不是恶，既不是美也不是丑，它的确会给人们带来痛苦，但也不能因此就全盘否定它所带来的快乐，关键要看人们怎样去看待它。遗憾的是，在这个时代，大多数人并不能以平常心去看待金钱。钱这东西，原本就只是生活中的一件工具而已！可是今时今日，人们却让它"咸鱼翻了身"！让它掌握了主动权，让它改变了选择，甚至改变了人生。

如今，坊间流传着一句话："钱不是万能的，但没钱是万万不能的！"我们看看，这句话的前半句只用了一个"万"字，后半句却是一个叠词——"万万"，足以见得"钱"在人们心中的分量有多重。更可悲的是，若照此发展下去，恐怕我们亦要将前半句中的那个"不"字抹去了！不是有人曾经说过吗："宁可坐在宝马车里哭，也不坐在自行车后笑！"这样的人，可以为钱出卖欢乐、出卖感情、出卖幸福，甚至是出卖忠诚、出卖自己，那么对于他们而言，还有什么是金钱买不来的？

这样的人，我们能说他富有吗？或许他们的外表很光鲜，但他们的心灵无疑是贫瘠的。他们自以为拥有财富，其实是被财富所拥有。这不能怪罪于金钱，钱不是罪恶的根源，向往富足的生活也无可厚非，我们之中又有谁不希望自己吃得好、穿得好、住得好呢？但这种欲望应该有个限度，你不能得陇望蜀，一山望着一山高，心里就只装着"金钱"二字，这未免太过贪婪。亦如小仲马在《茶花女》中说的那样："钱财是好奴仆、坏主人。"如果把金钱视为奴仆，有也可以、没有亦可，多也可以、少也可以，人就会活得非常轻松自在；可是如果被金钱所奴役，明明已经衣食无忧，却仍不知满足、欲壑难填，就永远也得不到满足的快乐。

其实钱这个东西，只有在使用时才会产生它的价值，假如放着不用，它就根本毫无意义可言。如果看不明白这一点，一股脑地钻进钱眼里，那就等于把自己的人生卖给了金钱，从此一切唯它马首是瞻，其他尽可抛弃，那么到了最后，我们或许就要抱着钞票孤独终老了。

　　对于真正享受生活的人来说，任何不需要的东西都是多余的，他们不会让自己去背负这样一个沉重的包袱。而我们，如果想要活得健康一点儿、自在一点儿，任何多余的东西也都必须舍弃。金钱对某些人来说，可能很重要，但对于懂生活的人来说，一点也不重要，因为它不可能买到世间的一切。

　　我们活着，若想自在些，就要把钱财看淡些，不要一味地去追求享受。在我们用双手创造财富的同时，不妨多一点休闲的念头，不要忘了自己的业余爱好，不妨每天花点时间与家人一起去看场电影，去散散步，去郊游一次……如果这样，生活将会变得丰富多彩，富有情趣；心灵会变得轻松惬意，自由舒畅；生命会变得活力无限。

✧ 幸福的本质不属于物质范畴

　　有稳定的收入会让人感到幸福；有和睦的家庭会让人感到幸福；有花不完的钱会让人感到幸福；有无上的权力会让人感到幸福……但这些，其本身并不是幸福，它只是有可能会使人产生一种短暂的幸福感。

　　幸福的本质不属于物质范畴，而是一种内在感受，它有时与物质有关，有时根本与物质毫无瓜葛。痛苦也是一样。幸福不会嫌贫爱富，痛苦也不会专拣穷人欺负，譬如皇帝有皇帝的苦，乞儿有乞儿的乐，就是这个道理。

所以说，要拥有幸福而消除痛苦，最关键的就是要聆听心的声音。

在奥地利有这样一位富豪，他拱手送出了自己总价值300万英镑的巨额资产，因为他逐渐意识到财富不再使自己快乐。

这位富豪叫卡尔·拉伯德尔，靠从事家具和室内装潢起家。他先后变卖了自己价值140万英镑的豪宅和占地17公顷的农场，以及自己收藏的6架滑翔机和奥迪A8豪华座驾，并且将所得一分不留地捐给了慈善机构。

卡尔做出这种举动，源起于一种感觉，他感觉自己快要沦为财富的奴隶了。

卡尔说："我出生在一个非常贫穷的家庭，从小就认为物质越丰富，生活越奢侈，人就会越幸福，这么多年一直都这样认为。但随着时间的推移，我慢慢产生了相反的感觉，我感到自己正逐渐成为财富的奴隶。"

然而，卡尔也表示，自己很长时间都没有足够的"勇气"做出这个决定。

他真正的转变是与太太在夏威夷岛度假期间。

"当我意识到五星级生活方式是多么恐怖、毫无灵魂和感觉的时候，我惊呆了，"卡尔回忆道，"在那三周里，我们尽情挥霍，但我感觉我始终没有碰到一个真正的人，我们都是演员。工作人员扮演友好的角色，客人则扮演重要的角色，没有一个人是真实的。"在随后的南美和非洲旅行中，卡尔说他产生了类似的愧疚感："我越发觉得，我的财富和那里人民的贫穷之间是有联系的。"

这让他觉得只有散尽钱财才能安心："如果不把财富散尽，我肯定无法安心度过下半生。"卡尔说，"我打算什么都不留，因为金钱往往会起反作用，它不会让你真正感到快乐。当然，我没有权利给其他人任何建议，我之所以这样做，只是听从了自己内心的声音。"

在散掉大部分财产以后,卡尔终于体会到了自由与快乐,他现在搬进了山上的一间小木屋里,过着和普通人一样的生活,但内心却舒畅了许多。

有了财富的人,反而要去追求精神上的满足,可见物质财富与幸福并不存在直接关系。这一点早在2500多年前佛陀就已经说得非常清楚,只是很多人到现在还执迷不悟。

财富,应该是为幸福服务的。客观地说,没有财富,我们的生活会很困难,这种情况下去说幸福,未免有些自欺欺人。所以,对于财富的态度应该是:既要追求它,也要保持一颗平常心。

遗憾的是,很多人往往忽略了心灵上的成长,而仅仅注重物质单方面的发展,这是个错误的方向,最后只能离幸福越来越远。所以我们看到,人类在物质方面虽然取得了空前的成功,发达程度超过以往任何一个时代,但心灵危机也是以往任何一个时代所无法比拟的。

因而,摆在我们面前最重要的问题应该是:如何保持精神与物质的平衡发展,获取身与心的幸福双丰收?不过,这个问题并非一朝一夕就能解决,但我们仍可以持续给予心灵营养与安慰。

✧ 不追求不必追求之物

孟子曰:"鱼,我所欲也,熊掌亦我所欲也;二者不可得兼,舍鱼而取熊掌者也。"翻译过来,意思就是:鱼是我所想要的,熊掌也是我所想要的，这两种东西不能够同时得到的话，那么只有舍弃鱼而选择熊掌了。这是我们最常引用的取舍观念。它告诉我们，面临不能兼而得之的情况时，要懂得取舍，方能得到我们真正想要的东西。

人之所以痛苦，是因为追求错的东西。这句话也是不无道理的，在我们的一生中会遇到很多诱惑。面对纷繁复杂的世界，我们首先应该弄清自己想要的是什么。对于自己认为不必要的事物，以一颗淡然的心将其放下，不失为一种智慧。

曾经有一个小男孩不小心丢了一锭银子，非常伤心。正在焦急地寻找的时候，一位路人见其十分可怜，于是从自己的荷包里取出一锭银子给他。哪知道小男孩接过银子，哭得更伤心了，这位路人非常好奇地问他："你现在不是有一锭银子了吗？为什么还这样伤心呢？"小男孩回答道："假如我不丢失前面的银子，现在应该可以拥有两锭银子了。"

故事短小，道理却很深刻。故事里这个孩子的行为在一定意义上反映了人们的一种贪婪心理。而事实上，有很多痛苦的人，正是犯了与这个孩子一样的错误。现实中，贪婪往往会占据一个人的内心世界，这样你永远不会感受到快乐的存在。

人心不足蛇吞象，每个人都想拥有，但问题在于人的欲望是无止境的，填饱了肚子又求珍馐；娶了娇妻，又妄求得到美妾；有了房舍，又求华厦；谋得一职，又求升官；得到千钱，又求万金。宝贵的一生就在无止境地追求"拥有"的苦恼中度过了。

现实生活中，人们总喜欢获得点什么东西，房子、金钱、名利……结果发现外面的世界五彩缤纷，自己却累得精疲力尽。要知道，我们都是凡人，往往我们想抓住的越多，最后能抓住的反而越少。

曾有这么一个病人，临死前十分痛苦，因为他实在不想就这样离开这个世界，于是他一手抓着床栏，一手抓着亲人，以为抓住就有希望。亲人们看着痛苦的他，安慰道："放手吧，放手后你就轻松了、舒服了，我们会一直在你身边看着你、爱你。"他听了感觉说得不错，于是，就放开手，这样一放手也就解脱了。常言说："人握拳而来，撒手而去，先是一件件索取，然后又一件件疏散。"这也是人生的一种哲学。

　　拥有多少，什么是标准？有些人尽管富有，或许坐拥多少高楼、土地、黄金、股票，然而却日夜恐惧，没有一个安稳的睡眠。与那些淡泊名利，知足常乐，以天下为己任，心怀众生的人相比，谁更富有，谁更快乐呢？

　　身外之物，生不带来，死不带去，金钱对于一个人来说，不过是一种工具而已。而智慧和真理才是无穷无尽的宝藏，才能让自己毕生受用不尽。要想活得洒脱，就不应该为身外之物所牵累，不被富贵名利所困扰。

　　人对物质财富的需求与此相似，适量的财富能够调剂生活的味道，让我们品尝到生活过得有滋有味，轻松而美好，使我们身心愉悦。不过，一旦对财富过度奢求迷恋，就会失去追求财富的本来意义，人生也如吃多了盐一样苦涩难堪。

　　金钱对人们的吸引力众所周知。钱作为一种交换的价值载体，可以让人获得很多东西。金钱可以买来享受，带给我们很多快乐，以致不少人认为，拥有金钱是通往幸福的坦途。很多人曾暗自思量：如果我有多少多少钱，那我该多幸福啊！可是，真的是这样的吗？事实往往未必如此。

　　有人总结出一条规律，当一个人拥有的金钱越多，他便越想拥有更多。当人们手中的钱多一点时，很容易就会适应这笔钱带来的新享受，很快，快乐就消失得无影无踪，他们转而去寻觅下一个目标。当拿到第一笔钱的时候，人们可能会惊喜异常，但当他们把这笔钱花光或存进银行后，他们就觉得应该得到更多的钱。这就是"钱包理论"——无论你的钱包有多大，你都希望能够将它塞满。

古人云："良田万顷，日食几何？华厦千间，夜眠几尺？"一个人生存所需要的东西很少，贪欲带来的往往不是快乐。比如，石崇生前万般积聚，富可敌国，然而又能怎样呢？还不是落了个死无葬身之地的结果吗？比起身居陋巷的颜回求法行道，不改其乐，我们还能说谁拥有的更多，谁更幸福吗？

拥有财物而不用，相当于没有。财产取之于众，也要用之于众。冯谖散财于民，让孟尝君拥有人心；松下幸之助将企业所有盈余用于教育文化上，惠及社会。由此，我们将财富用到该用的地方才是真正的真与善。所谓的"用有"而不是"拥有"。

真正的"用有"不易做到，一旦执着于财物是"我"的，用的对象就不广泛，用的心态就不正确，用的方式也有所偏差。其实，吾人的一生空空而来，空空而去；吾人的财物也应空空而得，空空而舍；对于世间的一切，拥有空，用于实，岂不善哉！

快乐其实也是相对的，对于陷入痛苦中的人来说，摆脱痛苦就是快乐。而占有欲则是造成痛苦的根源之一。所以佛家常说："人生于世，有欲有爱，烦恼多苦，解脱为乐。"如果你想要让自己拥有快乐，那么很简单，那就是放弃追逐不属于自己的东西，在很多时候如果你不懂得追求属于自己的东西，那么最终你也无法实现自己的快乐。

淡然，每个人都要有这样的心态，不管是在生活中还是在工作中，一个淡然的人往往能够得到更多的宁静，享受到更多的快乐。如果你每天的生活都是在不停地追求，追求那些本不应该属于自己的东西，那么最终你会发现自己生活得并不快乐。自己的生活就像是一潭死水，自己寻找的也不是活水的源头。

在通往成功的路上，我们首先应该知道哪些是我们必不可少的，哪些是可有可无的。在面临种种诱惑选项的时候，我们才能真正做好取舍，以一颗淡然的心，放弃不必追求的东西，才能更好地投入到为理想努力的奋斗中去。

◇ 无财也是一种福气

中国有句古话叫作：人生有三宝，丑妻、薄地、破棉袄。因为贫穷，人才无恐惧心，因为贫穷，人才有上进心，艰难困苦是人生的一笔财富。它可以化无形为有形，并告诫你时刻保持冷静、清醒。正确对待有形的财富。

香港富豪徐展堂出身名门望族，幼年生活可说优裕富贵。但上天似乎有意要考验他。他13岁时，父亲生意失败，不久又染上肺痨去世。年幼的徐展堂一下子从蜜罐掉进了苦海。当时，徐展堂刚读完小学，无奈只好放弃升学，出来"捞世界"谋生，提起幼年时没有更多读书机会，徐展堂至今还感到遗憾。

年仅13岁的徐展堂不得不涉足社会，面对人生。他曾从事过多种低微的职业，如银行信差、卖"云吞面"、为商店翻新旧招牌、安排看更等。从十几岁至二十几岁，是他一生中最为艰苦拼命的时间。

艰苦的经历，不仅没有消磨他的意志，反而激发了他的斗志。他不甘心久居人下，白天工作，晚间则上夜校进修，学习英语，大量阅读历史书籍和名人传记，从中汲取思想养分。

就这样，他终于成长为香港传媒界的新星。

无财也是一种福气，能很好地利用财富的人同样享有这种福气，佛陀所说的断掉各种贪欲，并非是说让人变得无情无欲，而是说要消除人的不合理的过分的有碍身心健康的欲望，从而完善人生，使人生更加幸福。

做有钱人其实也挺累，要想着吃什么东西更好，要筹划着去何处旅行，还要担心别人惦记自己的钱财……心一刻也不得停歇。贫穷的生活固然平淡，但只要你足够乐观，只要你知足，同样每天都可以过得很充实，很富有乐趣！

二、当诱惑来敲门

✧ 欲望陷阱无处不在

生活中曾有过这样的事情。一天,老赵去城里看望儿子儿媳,走在半路上,突然见到一个精美的首饰盒滚到他的脚边。身旁的一个小伙子眼疾手快,急忙捡了起来,打开一看,里面竟然有一条金项链,还附着一张发票,上面写着某某饰品店监制,售价2800元。但是老赵当即拽住小伙子,让他在原地等候失主,可是等了老半天,还是没人来认领。

那个小伙子便小声提议两个人私分,说:"给我1000元,项链归你。"边说边朝巷口走去。老赵平时就有贪小便宜的习惯,看看项链,就更动心了。他心想:"我可以把它送给我的儿媳妇,当年她嫁过来的时候,我们手头不宽裕也没怎么给她买过东西。这次去看他们,正好把这条项链送给她,她一定会很高兴的,这也是我这个做公公的一番心意嘛。"

老赵的犹豫没有逃过小伙子的眼睛,他更是一个劲地说这条项链有多好，今天运气好才会遇到的。老赵经不住小伙子的游说，便说："可是我没有这么多钱，我是来城里看我儿子的，身上只带了800块钱。"

小伙子故作大方地说："这样呀，没有关系，我就吃点亏，谁叫您年纪比我大呢？"

于是，老赵就把好不容易凑到的800块钱给了小伙子，拿着那条金项链美滋滋地向儿子家走去。

一到儿子家，他便把路上的事情跟儿子儿媳说了，还拿出那条金光闪闪的项链送给儿媳妇。小夫妻俩一听就不对，果然，那条项链根本就是假的。

老赵这才恍然大悟，原来人家设了一个陷阱让他跳。

老赵非常懊恼，却毫无办法。为此，他还大病了一场，幸好，他记住了这一教训，再也不敢贪小便宜了。

人的贪欲是一个永远都无法填满的无底洞，有的人不会让自己落入贪婪的陷阱是因为他们比较清醒。而有的人却因为不清醒掉了进去就再也没有出来的机会。任何时候我们都应该清楚地认识到自己的财富心理，看清金钱对于我们的真正价值。永远都应记住金钱是为我们服务的，而不是奴役我们灵魂的魔鬼。

大千世界，纸醉金迷，欲望无处不在，陷阱亦随处可见。做人，不能被欲望迷住眼睛，傻傻地跳进欲望挖下的深坑，让人蔑视、嘲笑。

✧ 骄奢淫逸，富不过三代

毫无节制的活动，无论属于什么性质，最后必将引来恶果。俭是一种克制，奢是一种放纵，作为万物之灵的人类，如果没有克制和自持，是不可想象的。

咱们坊间有"富不过三代"一说，细究起来，导致这种现象的原因很多，诸如历史因素、政治因素、社会因素等，但有一点我们不能忽略，那就是富家子弟的自甘堕落，即骄奢淫逸。这些人生来锦衣玉食，诸事不操心，因此很少有人能够继承创业者的智慧，而且这种现象越往后越明显，最后庞大的家业就会被败得七零八落。太远的不说，就说乾隆盛世，其实细观历史你会发现，所谓乾隆盛世，完全是康熙、雍正两位帝王打下的家底，乾隆可以说是坐享其成，所以不但好大喜功、自命风流、骄奢淫逸，也没有能力培养下一代厉行节俭，而清朝也正是从这个时候起，开始走下坡路。

联想到当今社会，温饱已经解决，可是新的问题又出现了：先富起来的人骄奢纵欲，没富起来的人盲目攀比，现代社会，已经形成一种以物质的获得来判断成功的趋向。但是否高贵、是否进入了上流社会，是用奢侈来衡量的吗？这一点本书早已给出了答案。事实上，只有那些找不到精神归宿的人，才会用奢侈来填补内心的空虚。

另外还有一些人的"奢侈"，是因为过去穷怕了，才极力想表明自己已经不是过去那个"穷人"了，将童年极度压抑的消费渴望变本加厉地展示出来。这似乎有点"暴发户"的味道，很难得到真正的上流人的认可。

当然，钱是你自己的，怎么花由你自己决定，但怎么花却反映出了不同的思想高度与生活态度。比尔·盖茨有钱，你看他奢侈吗？你看他的子女不还是在努力奋斗吗？我们现在还不如人家，我们要学习的还很多。

在当下这种风气中，我们最应该学会一种健康的生活方式：花最少的钱吃的健康，花最少的钱玩得开心……把钱用到该用的地方，去帮助那些真正有需要的人，去贡献社会，这样自己的思想高度得到了提升，子孙也受益。这里说的受益指的不仅仅是金钱，更是对下一代的健康教育，既要让孩子们过上幸福的日子，又要给予他们精神上的营养。举个例子，你看康熙的家业大吧，他有很多儿子，他能给这些儿子公平竞争的环境，所以他的儿子个个出类拔萃；而乾隆呢，他这个皇帝当的太容易了，所以他不会去教育后代，所以他的儿子都不成器。人们常说"穷养儿"，也是这个道理。

今时今日，我们的物质生活得到了极大提升，但富了也不要忘本。富，不仅仅是金钱上的富，精神上也要富有，别把奢侈当高贵，别用挥霍来炫耀，否则，你很可能富不过三代。

◇ 一段声色一段灰

人是有感情的动物，而执着却是制约情感舒展的紧箍咒。感情的实现方式是付出，执着最直接的体现方式却是占有。感情越丰富的人，执着的程度就越小；感情越狭隘的人，执着的程度也越强。如果说因为执着产生的占有欲能够一一得到满足，倒也勉强可以；但是欲壑难填，再怎么样都无法满足人类的欲望。欲望不能得到满足，人的情感就会挣扎，需要付出。而在商品经济的社会里，一切都可以用钱来买到。所以，他们要去买一个对象来使自己的感情得以付出，于是就有了声色犬马的消费。

声色犬马给人的听觉、视觉带来刺激，情绪得到一定的调节，但过后却成为一片空白。所以，他们还会再去寻求刺激，以使自己的情绪得到发泄；美女色相会给人的肉体带来刺激，使情爱得到一定的发泄。然而，发泄过后，却更会给自己的欲望带来发泄，以求得更大限度的情爱发泄。长此以往，不仅付出很多的代价，更使身体产生病痛，精神饱受折磨，甚至付出生命。如此不胜繁多的例子，使一些卫道士之流，道貌岸然之将开始大声疾呼，美色是祸水。

其实，仔细分析一下，美人之美本无错，错的是执着于情感，贪婪于美色的人。翻转历史，查阅一些证明"女人是祸水"这一论调的经典证例。我们可以发现，美人多是无辜的，或者是身不由己的。

如风流倜傥的唐明皇因为追慕杨玉环的美色而荒淫误国，周幽王因为专宠褒姒而丧命亡国，吴王夫差因为宠幸西施而败国亡身，等等，都是因为执意迷恋女色而造成了千古遗恨，并导致史学家的口诛笔伐。

帝王有过，美人不该承担，对帝王而言，他们荒废朝政，不顾忠臣良言相劝，执意沉醉于美色的追求，这种败国亡身纯属咎由自取。可是美人呢？杨玉环有她自己的情感需求，褒姒只是不喜言笑，西施更是为了保家卫国。

爱美之心，人皆有之。美人自己愿意美，我们大家也需要她美好。就像美丽的花儿一样，它开放得越美丽，我们得到的喜悦也就越多。女人需要美，男人也需要女人美，这也是女性变美的一种动力。并且人类还发明了许多东西供女人使用，让她们化妆修饰自己。

我们注目当街的美色，且不说沉静时的如娇花映水，就是行动时也若杨柳扶风，真是万般的美丽，无端的妖冶！难怪会一顾倾情，再顾倾城，三顾倾国了呢。奇怪的是，细观历史的一国之君，尽可以拥有三妻四妾、九妃七十二嫔、六宫粉黛、三千佳丽、万数彩娥，也没有人说他是荒淫误国。但只要帝王执着迷恋于一个人美色的时候，就变成了荒淫无耻。

美色当前，谁心不动？我们并不是说要辛苦地去压抑大自然赋予我们的本能，而是当我们面对美色，换一种心态，懂得欣赏美色，并且能够把对大自然所赏赐给人类的尤物的爱慕奉献给大自然，我们也就不会再执着了。也就不会有于此产生的种种苦楚之痛了。在这里，我们推荐以平和的心态去直面美色，这是"消融"执着的绝妙良方。

✧ 贪多难咽,放弃本不属于你的东西

现实生活中,很多人雄心勃勃,既想干这个又想干那个,因为没有专注地干过一件事,结果什么也没干成。所以,在追梦的路上,我们不仅要充满干劲,而且要懂得取舍,一次只做一件事。如果你能够专注地做好一件事情,那么就是一种成功,如果这个时候你看得多了,想的多了,希望得到的多了,那么很可能一事无成。

如果你希望得到所有的,那么最终你将会一无所获。同样地,如果你总是失去自己的目标,左顾右盼,那么最终你也将会一无所获。我们不可能得到所有我们想要的东西,同样地,我们的生活需要目标,如果一个人没有了目标,那么最终怎么去实现自己的成功呢?

人最重要的是要有目标,如果你总是留恋太多,不管是什么事情,你都不会做好,在生活中,如果你一旦确立了目标,就要学会为了实现这个目标,专一地去奋斗,要做到专一,并不是一件容易的事情。在生活中,不仅仅要专注,更多的时候要坚持,不要因为眼前一点点的困难而失去自我,也不要因为这一点点的挫折而放弃自己的目标,改变自己的方向,左顾右盼,这样对你的成长是没有好处的,最终,你会发现自己一事无成。

有个寓言故事叫狗熊掰棒子。一只小狗熊下山去玩,见到一片玉米地,长了好多好多的玉米棒子,小狗熊可高兴了,它掰了一只玉米,

准备带回山上好在小动物面前夸耀。再往前走,又看到一块西瓜地,长满了又大又圆的西瓜,小狗熊觉得西瓜比玉米更值得炫耀,于是它就丢了玉米去摘了一个大西瓜。没过多久,忽然小狗熊看到一只小兔子跑来了,它想啊,要是能抓到一只兔子回去,小伙伴们肯定更羡慕它了,就赶紧丢了西瓜去追兔子,没想到兔子跑得快,一眨眼,跑到树林里看不见了。结果忙了一天,小狗熊什么也没得到。天很快就黑了,小狗熊只好两手空空地回到山上去了。

这个寓言故事告诉我们,做事一定要专一,一次只专注于一件事才能有所收获。生活中,我们经常犯这样的错误,工作是换了一个又一个,可又有多大的变化呢,有的是找工作的疲惫,工作也少了很多的乐趣。一个工作不讨厌它就好了,做的开心就好了,做的好了,钱也是自然会多起来的,想要每个工作都挣大钱也是不现实的。

还有一个故事,讲的是一个单纯而专注的小男孩,帮一个农场主找到手表的事情。曾经有一位农场主巡视谷仓时,不慎将一只名贵的手表遗失在谷仓里。他遍寻不获,便定下赏价,承诺谁能找到手表,就给他50美元。人们在重赏之下,都卖力地四处翻找,可是谷仓内到处都是成堆的谷粒,要在这当中找寻一只小小的手表,谈何容易。许多人一直忙到太阳下山,仍一无所获,只好放弃了50美元的诱惑而回家了。谷仓里只剩下一个贫困的小男孩,仍不死心,希望能在天完全黑下来之前找到它,以换得赏金。谷仓中慢慢变得漆黑,小男孩虽然害怕,仍不愿放弃,不停地摸索着,突然他发现在人声安静下来之后,有一个奇特的声音。那声音嘀嗒、嘀嗒不停地响着,小男孩顿时停下所有的动作,谷仓内更安静了,嘀嗒声也变得十分清晰,是手表的声音。终于,小男孩循着声音,在漆黑的大谷仓中找到了那只名贵的手表。这个小男孩成功的法则其实很简单:专注地对待一件事,成功也许就在下一秒等候着你。

看了上面的故事，我们总结出一个成功的法则，那就是专注与单纯。其实，专注对于我们并不陌生，而且它原本就存在于每个人的心中，重要的是你要循着你内心正面的引导，真正地去寻找它。关键是在我们投身于自己的理想的过程中不要被复杂的外界事物所困惑，而要专注、单纯地思考，这样才能更接近我们的目标。

在我们的生活中，我们拥有很多机会，更有甚者，在同一时间或者是同一地点，就会有很多机会出现，如果你能够控制好自己的欲望，那么你就会抓住属于自己的那次机会，如果这个时候你总是贪恋所有的那些机会，想要得到所有的机会，那么最终你会发现一个机会你也没有把握住，最终将会一无所获，所以说贪多必失。即便你拥有很强的能力，你也不可以贪多，"贪多嚼不烂"，我们经常会这样说，这就是说在生活中，不管是学习还是工作，都不要做那个贪婪的人，一个人一旦贪婪起来，那么付出的代价往往会更多，所以说不要让自己活在贪婪中，要学会放弃，放弃其实就是一种精神，也是一种获得。如果你能够放弃那些本不应该属于自己的东西，抓住那些自己想要为之奋斗的东西，那么，最终你是会实现自己的梦想的。

"舍得"理论想必人人都知道，但是至于你能否做到，这恐怕只有你自己知道了。如果一个人不懂得舍弃，那么就永远无法得到，要知道成功需要你付出代价，天上不会掉馅饼，你也不可能不付出努力就得到收获，如果在你的奋斗过程中，出现了很多的诱惑，在这个时候你为了这些诱惑左顾右盼，停下了自己前进的脚步，最终因为想要得到这些路边的野花，而放弃了自己为之奋斗的目标，那么你会发现这个时候你想要拥有的东西有很多，而这个时候你能够拥有的东西其实也没剩下什么了。因此，既然你设定了自己的目标，那么就应该为之心无旁骛地努力，最终你将会实现自己的成功。

一个专注的人，往往有着强大的力量，这种力量能够让他们克服在奋斗过程中的危险，同样地，也能够帮助他们克服那些生活中的诱惑，因为专注的人，想到的、看到的永远只是自己的目标，身边的诱惑往往对他们产生不了作用。

人是一种生活在社会中的动物，所以说你就必然会遇到诱惑，这种诱惑可能是外界赋予你的也可能是你自己赋予自己的，但是不管怎么说，如果你想要实现自己的成功，那么就要学会专注于自己的目标，为了自己的成功而奋斗。

✧ 用一份寂寞抵挡诱惑

人生犹如一次长途旅行，如果步履太过匆忙了，就会错过沿途许多美丽的风景。所以，在人生之旅中，我们要学会停下脚步，享受寂寞，方能体会真正的幸福快乐。当你微笑地对待眼前的诱惑的时候，你会发现诱惑已经胆怯，你的气场足以吓跑诱惑这个害虫，让自己变得更加的健壮。

寂寞的人生不一定是悲剧，要知道在很多时候，你的寂寞往往能够化作一面坚硬的盾牌，保护着你。如果将寂寞比作一道门，那么在寂寞的门外会有各种喧闹的诱惑，而你会在屋内静静地修养自我。如果你能够利用好寂寞的盾牌，那么最终你得到的将不是诱惑，而是成功。

微笑的力量是不可小视的，在诱惑面前，如果你懂得乐观地去处理，那么诱惑就会离你而去，它会被你的乐观或者说你的微笑吓跑，最终，你会发现保护你的还是你所处的寂寞，在寂寞的环境中，可以说你是安全的，因为寂寞往往会化作坚硬的盾牌，帮助你抵挡外界的诱惑，让你得到属于自己的那份清静和安宁。

现实生活中，人的权力越大，面对的诱惑也越大。大权在握，难免有一些趋炎附势溜须拍马的人，一来二去，从小到大。其实，贪官一开始也不是贪官，往往也是一个廉洁的官员，其实从廉洁到贪污也是一步步走出来的。所以说，在欲望与诱惑面前，防微杜渐是非常必要的。对于当权在位者，更需一颗淡定的心，一个甘于寂寞的灵魂，只有这样，才能真正为民造福，才能把官长远地当下去，踏踏实实做人民的公仆。

人生犹如一次旅行，在漫长的旅程中，我们唯有学会拒绝诱惑，才能到达成功的彼岸。人生的旅途中，我们需要的不仅仅是喧闹的外界，更多的时候我们需要内心的寂寞，寂寞往往能够帮助我们认清自我，看到自己漫漫人生路中的参照物，让自己找到属于自己的目标。

人生不会那么轻易地让你成功，在通往成功的路上，你会看到很多的诱惑，如果这个时候你选择了寂寞，那么很可能你的寂寞会帮助你抵挡外界的诱惑，让你转危为安，同样地，如果你总是羡慕外界诱惑的美好，不想让自己得到暂时的平静，那么你最终失去的也将是属于自己的成功。每个人都希望自己能够成功，但是摆脱诱惑是重中之重，在你学会了享受寂寞的时候，你才能够让自己获得暂时的平静，笑对外界的诱惑。

君不见陶渊明不为五斗米折腰，从而辞官隐居，在一个宁静的村庄安于寂寞。正因为如此，才培养出了他"采菊东篱下，悠然见南山"的独立人格。君不见爱莲者周敦颐，拒绝官场腐败，才有了"出淤泥而不染"的洁身自好，写下脍炙人口的《爱莲说》，影响了一代又一代人。君不见王冕淡泊名利，留下了"不要人夸好颜色，只留清气满乾坤"的佳话。这些人，之所以成为了后人的楷模而流芳千古，是因为他们都学会了拒绝名利与金钱的诱惑，他们的人生，因寂寞而辉煌。

笑着面对自己身边的诱惑，让自己的人生拥有独立的空间，不要因为暂时的困境，而放弃了自己的理想，更不要因为自己暂时的寂寞，而选择投靠外界的诱惑，要知道诱惑往往是一个个的陷阱，你会成为别人的猎物。

你的生活因为拥有寂寞而变得更加的精彩，这就是一条人生不可改变的哲理，你可以这样地思考一下，如果在你的人生中，你不曾体味到寂寞，那么你又怎么知道成功之后的喜悦是什么滋味呢？所以说让寂寞化作盾牌，帮助你去抵挡外界的诱惑，再加上你的乐观，微笑面对眼前的诱惑，那么最终你将会实现自己的成功。

乐观对一个人来讲有多么的重要，或许你不曾想过这个问题。如果你发现一个人总能够乐观地对待自己的生活，那么在他的周围，机会往往是很多的。如果你发现一个人能够笑着面对外界的诱惑，那么你会发现诱惑将变成一条可怜虫，缩着身子钻回泥土中。如果你能够让寂寞保护着你的内心，运用寂寞的力量，那么最终的结果一定是你想要的。

✧ 养心莫善于寡欲

人生在世，除了生存的欲望以外，还有各种各样的欲望，自我实现就是其中之一。欲望在一定程度上是促进社会发展的动力，可是，欲望是无止境的,欲望太强烈,就会造成痛苦和不幸,这种例子不胜枚举。因此,人应该尽力克制自己过高的欲望,培养清心寡欲,知足常乐的生活态度。

《菜根谭》中主张:"爵位不宜太盛,太盛则危;能事不宜尽毕,尽毕则衰;行谊不宜过高,过高则谤兴而毁来。"意即官爵不必达到登峰造极的地步,否则就容易陷入危险的境地;自己得意之事也不可过度,否则就会转为衰颓;言行不要过于高洁,否则就会招来诽谤或攻击。

同理,在追求快乐的时候,也不要忘记"乐极生悲"这句话,适可而止,才能掌握真正的快乐。大凡美味佳肴吃多了就如同吃药一样,只要吃一半就够了;令人愉悦的事追求太过则会成为败身丧德的媒介,能够控制一半才是恰到好处。

所谓"花看半开,酒饮微醉,此中大有佳趣。若至烂漫酕醄,便成恶境矣。履盈满者,宜思之"。意即赏花的最佳时刻是含苞待放之时,喝酒则是在半醉时的感觉最佳。凡事只达七八分处才有佳趣产生。正如酒止微醺,花看半开,则瞻前大有希望,顾后也没断绝生机。如此自能悠久长存于天地畛域之中。

又如:"宾朋云集,剧饮淋漓乐矣,俄而漏尽烛残,香销茗冷,不觉反而呕咽,令人索然无味。天下事率类此,奈何不早回头也。"痛饮狂欢固然快乐,但是等到曲终人散,夜深烛残的时候,面对杯盘狼藉必然会兴尽悲来,感到人生索然无味。天下事莫不如此,为什么不及早醒悟呢?

常常看到有些人为了谋到一官半职,请客送礼,煞费苦心地找关系、托门路、机关用尽,而结果还往往与愿相违;还有些人因未能得到重用,就牢骚满腹,借酒浇愁,甚至做些对自己不负责任的事情。凡此种种,真是太不值得了!他们这样做都是因为太看重名利,甚至把自己的身家性命都押在了上面。其实生命的乐趣很多，何必那么关注功名利禄这些身外之物呢？少点欲望，多点情趣，人生会更有意义。更何况该是你的跑不掉，不该是你的争也白搭。

　　古人曰：求名之心过盛必作伪，利欲之心过剩则偏执。面对名利之风渐盛的社会，面对物质压迫精神的现状，能够做到视名利如粪土，视物质为赘物，在简单、朴素中体验心灵的丰盈、充实，才能将自己始终置身于一种平和、淡定的境界之中。

　　一个欧洲观光团来到非洲一个叫亚米亚尼的原始部落。部落里有位老者，穿着白袍，盘着腿安静地在一棵菩提树下做草编。草编非常精致，它吸引了一位法国商人。他想：要是将这些草编运到法国，巴黎的妇人戴着这种草编的小圆帽，挎着这种草编的花篮，将是多么时尚、多么风情啊！想到这里，商人激动地问："这些草编多少钱一件？"

　　"10比索。"老者微笑着回答道。

　　天哪！这会让我发大财的。商人欣喜若狂。

　　"假如我买10万顶草帽和10万个草篮，那你打算每一件优惠多少钱？"

　　"那样的话，就得要20比索一件。"

　　"什么？"商人简直不敢相信自己的耳朵！他几乎大喊着问："为什么？"

　　"为什么？"老者也生气了，"做10万件一模一样的草帽和10万个一模一样的草篮，它会让我乏味死的！"

　　在追逐欲望的过程中，许多现代人忘了生命中除却金钱之外的许多东西。或许，那位"荒诞"的亚米亚尼老者才真正参悟了人生的真谛。

　　心中的贪欲常使我们受到束缚，令我们不舍得放开握有"坚果"的手，其实只要我们放下无谓的坚持，就可以活得逍遥自在。

◇ 人若无欲，鬼亦无法

人与欲望之间，是一场没有硝烟且永远不会结束的战争，不是人将欲望压制，就是欲望将人奴役，当欲望泛滥之时，即使那念头堂而皇之，也禁不住它将人拉入堕落的深渊。

然而，人又不能没有欲望。

老子说："声色犬马，饮食男女，人之性也。"就是说，人活着就要听、要看、要做事、要吃饭、还要繁衍后代，这是人的本性。没有这些本性欲望，人不能生存，活着也没有意义。欲望，其实也是一种需求，是人类希望满足自身需要的一种心态，美国社会学家马斯洛把它分成了五个层次：

1. 生理需求；

2. 安全需求；

3. 爱和归属感；

4. 尊重；

5. 自我实现。

这五种欲求是由低到高依次逐渐满足的。在这个实现过程中，欲求是人产生各种行为的内在动因。也就是说，正因为人有了满足需求的欲望，才会为实现这种欲望而采取实际行动，才会奋斗，才会创造，才能够享受创造带来的成功。而人的幸福、快乐，也将在创造、享受的过程中产生,所以说,常人不能无欲,不能无事。

可是,欲望必须有所控制,不能贪得无厌,人过于贪婪,秉性就会变得懦弱,就有可能屈服于欲望,违心去做一些不该做的事情。

坊间流传着这样一件事,说是某晚在一家星级酒店,几个酒足饭饱打着嗝的老板侃侃而谈,其中一人对众人炫耀道:"我一个电话,就能把某某长叫来!"说完,他拍着胸脯与众人打赌:"我电话过去,如果他不来,明晚我请客,全套!如果他来了,你们请我。"说完,这位老板掏出了手机,一个电话打了过去。片刻之后,某某长出现在该酒店……

事情的真假无从考证,但确实有很多这样的流传。对于这种现象产生的原因,2000多年前,孔老夫子的学生曾子就已经作出了透彻分析,他说"纵君有赐,不我骄也,我能不畏乎?"的确如此,"受人者畏人,予人者骄人",这与老百姓常说的"吃人家的嘴软,拿人家的手短"是一个道理,我们平白接受了别人的好处,难免就要去迎合别人的意志,导致自己在对方面前时时处于被动地位。而施予者,往往不会白给白送,总是带着一定的目的性,因而奉劝朋友们,在无端送来的好处面前,请控制住自己的欲望,否则就会像那位匆匆赶来的某某长一样,如同受人摆布的提线木偶,没有了灵魂、没有了尊严、没有了气节,被人牵着鼻子走。

要避免出现这种受制于人的无奈,就需要我们把欲望克制在一个合理的尺度上,清心而寡欲,淡泊而守志,如此才能刚锋永在,清节长存。

在电视剧《李卫当官》中就有这样一个情节:

几任县令被李卫杀死后,康熙皇帝召见李卫,问他:"如果让你做县令治理一个贫困县,你能治理好吗?"

李卫回答:"能。"

康熙又问:"给你五十万两纹银,你能保证把它全部用在百姓身上吗?"

李卫还是回答:"能。"

康熙再问:"你凭什么认为自己能?"

李卫答道:"因为我根本就不想当官。"

李卫一句话道破了真机:无欲则刚。因为清心寡欲,没有私心,所以李卫不会中饱私囊,也不必拿银子为自己的仕途斡旋,所以他能够把银子全部用在百姓身上,所以他有这份自信,认定自己能当个好官。

《倩女幽魂》中也有一个类似的场景:

鬼想附体宁采臣身上,问他:"你有什么愿望,我可以满足你。"

宁采臣回答:"我什么愿望也没有。"

鬼又问他:"你不想发财吗?"

宁采臣答:"不想。"

鬼再问:"你不想出名吗?"

宁采臣答:"不想。"

鬼仍不甘心:"那你不喜欢美色吗?"

"不喜欢。"

什么欲望都没有,鬼拿人都没办法。所以孟子说:"养心莫善于寡欲。其为人也寡欲,虽有不存焉者,寡矣;其为人也多欲,虽有存焉者,寡矣。"这是在告诫我们要收敛自己日益膨胀的欲望,不然品性将会变质,即所求越多,所失越大。对此,郑板桥也有自己独到的见解,他说:"海纳百川,有容乃大,壁立千仞,无欲则刚。"意思是说:大海之所以无限宽广,是因为它可以容纳众多河流,这里借指人心;千仞绝壁之所以能够巍然耸立,是因为它没有世俗的欲望,借喻人只有做到清心寡欲,才能达到"大义凛然(刚)"的境界。清末民族英雄林则徐在禁烟时，将其作为自己的座右铭，意在告诫自己：只有广纳人言，才能博取众长，把事情做得更好；只有杜绝私欲，才能如大山般刚正不阿，屹立于世。林则徐受命于民族危难之际，以此对来警醒自己，他所倡导的这种精神着实令人敬佩，对于我们而言有着莫大的借鉴意义。

三、原来适合就是最好

◇ 是苦是乐，取决于心

有位朋友在美国工作多年，这一年春节回家探亲，亲戚邻里问起他在美国的生活，听完他的回答，个个都投以羡慕的目光。谁知这位朋友突然冒出一句："美国人的生活不如中国人！"众人大感不解："这话是怎么说的？我们论居住环境、论出行工具，等等，有哪一样能跟美国人比呢？"

这时，朋友说道："恕我唐突地问大家一句，你们之中有谁是举债过日子的？"众人摇头，一个都没有。只听这位朋友继续说道："不错，美国人在物质生活方面，的确比国人要好，他们住房宽敞、明亮，家家都有花园，出门有汽车代步，这是国人目前不能比的。但他们的一切几乎都是赊来的，他们买房、买车都是向银行贷款。他们每天拼命工作，就是为了还债，可很多人直到死也无法还清，一生就生活在压力之下。反观国人，我们虽然辛苦一点，但不欠债，工作之余三杯两盏淡酒，何等自在，美国人眼红都来不及呢？"

或许很多人都和那些邻居一样，认为美国人的生活要比中国人好很多。诚然，美国人的物质生活条件确实要高出国人不少，但他们大多"债台高筑"，这是不争的事实。或许在美国人看来，每日辛勤劳作，但一直在享受，这便是幸福。

　　受传统文化影响，国人大多不愿"举债过日"，几乎家家户户都有一本存折，存款多少暂不去说，但有了这本折子，中国人的心里就会觉得踏实、觉得幸福，我们或许没有美国人那样懂得享受，但至少我们心里感到安宁。

　　那么，究竟中国人与美国人谁更富有呢？透过这件事，相信每个人心中都会有一个属于自己的答案。事实上，这要看你的心如何去取舍，我们不能说美国人过得不好，也不能说国人就穷，这要看我们更倾向于哪种生活，哪种生活会让我们觉得快乐、觉得安宁，我们就怎么过。也就是说，我们生活得幸福与否，绝对与贫富无关，其实很多时候，我们并不知道自己真正想要的是什么。有时候，财富来得太容易、也太快，令我们准备不足，于是我们背负着沉重的财富上路，去寻找心中所谓的幸福，可是幸福总是显得遥不可及。很多有钱人其实也很烦恼，因为对于他们而言，财富以及消费有时只是一种方便，而非幸福。站在这个角度上说，不管我们是穷是富，谁也不必羡慕谁、鄙视谁，因为你有的或许他没有，但是他有的你同样也未必有，人与人的追求不同，我们不要拿自己心中的秤去称别人，这样只会让我们过重或过轻地掂量自己。

　　记得有段时间媒体上出现这样一则标语——"谁富裕谁光荣，谁贫穷谁无能"。标语很醒目，真切地反映了人们渴望富裕、追求富裕的迫切心情。然而它的表述却令人觉得别扭，甚至有些不入耳。难道说，富裕了就可以瞧不起那些贫困的人，那些贫困的人就应该自卑下去吗？

　　其实富者无非是在某些时候或某些方面抓住了机遇，成为了富人，然而为富不仁、嫌贫爱富就是贫困的另一种表现，而这种表现让整个社会都厌恶。以贫富论英雄，是一种狭义的贫富观。中国著名的数学家陈景润算是穷到家了，但是谁又能鄙视陈景润呢？还有历代以来的那些清官、廉官，谁又能说他们无能而应遭鄙视呢？

那些贫穷一点的人更应该看清自己的位置，不要盲目自卑，更不要因为贫穷而丢掉某些富人们所不拥有的"富裕"。作为不富裕的人，一定要客观地理解穷，思考为何会穷？千万不要轻信富人的杜撰，成功者奋斗的历史，道理很简单：别人的衣裳不一定适合自己穿。当我们发现，努力了、奋斗了，依然不富有时，那穷就不是我们的错了。

因此说，不管是富人还是穷人，都不要因为自己身处的位置而骄傲或者自卑、鄙视或者羡慕，正如一句广告词说的，"每个人都有自己的舞台"，只要自己正视这点，我们都将是富有的人。

其实这世界上根本没有绝对的穷人，也没有绝对的富人。以金钱区分也只是一个局部，而我们面对的是人，是人生活的方方面面。但我们在金钱上的缺失，这肯定是"硬伤"，但当注定我们在这方面是矮子时，我们为何偏要从短处较劲，而不去在其他方面发挥优势呢？

✧ 不妨就在塔中央看看风景

那些完不成的极限、遥不可及的梦想，就像是自己的影子，看起来虽然伸手可及，追起来就等于折磨自己。

在我国东北地区的深山老林里，流传着这样一种说法：老虎是兽中之王，不过要论力气，它不如黑瞎子（狗熊）大。狗熊的生命力特别顽强，而且皮糙肉厚，一般的攻击根本伤不了它。可是山里面虎熊相斗，总是老虎得胜，为什么呢？

狗熊和老虎都是身高力大的猛兽，它们一旦打起来，就是几天几夜。老虎打累了、打饿了，或是战况不利，就会撤出战场，先到别处捕猎吃。等到吃饱喝足，歇过劲儿来，回来再找狗熊打。狗熊就不一样了，一旦开打，就不吃、不喝、不休息，老虎跑了它就打扫战场，碗口粗的树连根拔起扔到一边，等着老虎回来接着打。时间长了，狗熊终究有筋疲力尽的时候，所以最后总是老虎打败狗熊。

做事情不能追求一竿子插到底，一口气把所有问题解决。不肯放松自己，在坚强上进的表像下，就会隐藏着偏执与自我压抑的危机，导致身心健康受损。过于苛求自己的人，压力显然要比一般人大，内心显然要比一般人更焦虑，身心也就更容易不堪重负。这样的朋友应该有意识地给自己放放假，如果长期处在这种状态下，情绪得不到缓解，我们就很容易走上极端，不少人年纪轻轻就患上各种心身疾病，比如抑郁症，等等，就是过于苛求自己的结果。

人生是个漫长的旅程，是马拉松长跑而不是百米冲刺。唯有张弛有度，才能持之以恒，把热情和精力保持到最后。这就像我们吃饭，如果每顿饭只吃一样东西，那么再好吃也会令我们反胃；同理，如果神经一直紧绷着，就算是我们是铁人，也会有崩溃的一天。先贤们倡导的"持之以恒"、"坚持到底"，并不是要我们耗尽最后一分精力和热情，而是鼓励我们屡败屡战、锲而不舍。这其中的差别大家要想明白。

西谚有曰："只工作，不玩耍，聪明杰克也变傻。"那种把工作当成一切、一直工作不放松的人，我们称他们为"工作狂"。工作狂之所以把自己完全泡在工作里，不是因为他们热爱工作，更不能表明他们很有毅力。事实正好相反，工作狂往往都是意志软弱的人。他们因为无法应对生活中的多种挑战，采取了逃避的办法，把自己埋在工作当中。所以，工作狂可能在工作上表现突出，但他们的生活却很少有能称心如意的。

真正有理智、有毅力的人，决不会是能抓紧而不能放松的人。他们有自信，所以能暂时放下心头的负担，去享受生活的乐趣；他们有智慧，懂得磨刀不误砍柴工的道理；他们有毅力，放松但不放纵。他们在奋斗拼搏和放松享受之间出入自由，游刃有余。

然而，有些人把人生目标树立得很高，希望功成名就，成为站立在金字塔尖上的人。可是，塔尖的容量是有限的，少数人的成功是建立在多数人的默默无闻之上的。于是，不免要伤心、要失落。其实细想想，这又是何必呢？不能成为第一，就坦然充当第二；不能爬到金字塔尖上，不妨就在塔中央看看风景。这也是不错的选择。

其实，生活的本真在于发现快乐、创造快乐、享受快乐。梦想如果能成真，那固然是好，梦不能成真，也没有关系，我们不必过分苛求，不要紧绷着自己，学会放松，顺其自然，我们的心情才能豁然！老话讲"望山跑死马"，人生中，我们别让自己成为不停奔跑的马儿，适当放松才是王道，不然，人在天堂，钱在银行。

◇ 保持自然的生活方式

一个人的思想，一旦升华到追求崇高理想上去，就能够放宽心境，不为物累，心地无私、无欲，随时随地去享受人生，也就苦亦乐、穷亦乐、困亦乐、危亦乐了！这是没有身历过其境的人所难以理解的。其实如果你身边有真正高修养、高品位的人，不妨仔细观察一下他们，他们可能并没有非常富足的物质生活，但依旧活得很快乐，因为他们内心几乎进入了一种不受物役的"知命"、"乐天"的精神境界。古人说："求名之心过盛必作伪，利欲之心过盛则偏执"。在今天这个名利之风渐盛的社会，面对物质压迫精神的现状，我们确实需要在简单、朴素中体验心灵的丰盈、充实，才能将自己始终置身于一种平和、淡定的境界之中。

所以当我们感到负累或烦躁之时，不妨暂时跳出忙碌的圈子，丢掉那些过高的期望，走进自己的内心世界，认真地体验生活、享受生活，或许我们就会发现，生活原本就是简单而富有乐趣的。

朋友圈中有这样一对夫妻，他们原本在同一家国企供职，夫妻都有一份稳定的收入。每逢节假日，他们便会带着5岁的女儿去游乐园打球，或者到博物馆去看展览，一家三口其乐融融。后来，经人介绍，老公跳槽去了一家外企公司，不久，在丈夫的动员下，妻子也离职去了一家外资企业。

凭着出色的业绩，夫妻俩各自成了所在公司的骨干。他们白天拼命工作，有时忙不过来还要把工作带回家。5岁的女儿只能被送到寄宿制幼儿园里。慢慢地，这个妻子觉得，自从两人跳到体面又风光的外企之后，"家"就有点旅店的味道了。孩子一个星期只回来一次，有时她要出差，就很难与孩子相见了。不知不觉中，孩子幼儿园毕业，在毕业典礼上，她看到自己的女儿表演节目，竟然有点不认得这个懂事却可怜的孩子了。孩子跟着老师学习了那么多，可是在亲情的花园里，她却像孤独的小花。频繁的加班侵占了周末陪女儿的时间，以至于平时最疼爱的女儿在自己的眼中也显得有点陌生了。这一切都让这个妻子陷入了一种迷惘和不安当中。

借问一句，我们之中是否也有人和这位妻子一样，经常发现自己莫名其妙地陷入一种不安之中，而找不出合理的理由呢？这其实是我们内心不堪重负而发出的微弱呼唤，只有躲开外在的嘈杂喧闹，静静聆听并听从它，我们才会做出正确的选择，否则，我们就将在匆忙喧闹的生活中迷失，找不到真正的自我。

朋友们可知道，当我们被四面八方的各种琐事捆绑得动弹不得之时，是谁造成了这个局面？没错，正是我们自己，不是别人。相信大家都有这样的体验：从早到晚忙忙碌碌，没有一点空闲，但仔细回想一下，又觉得自己并没有做什么。缘何如此？这是因为我们花了很多时间在一些无谓的小事上，泛滥的忙碌只会让我们失去自由。

一位哲人说的好："生命太短暂，无暇再顾及小事。"其实，我们根本没有必要把所有事情都放在心上。人，若要活得长久些，就得活得简单些；若要活得幸福些，就得活得糊涂些；若要活得轻松些，就得活得随意些。生活，原本就没有那么复杂，只是我们把它变得复杂了。生活，给予每个人的快乐大致上是没有差别的——人虽然有贫富之分，然而富人的快乐绝不比穷人多；人生有名望高低之分，然而那些名人却并不比一般人快乐到哪去。大千世界种种人，各有各的苦恼，各有各的快乐，只是看我们是更在意快乐，还是更在意烦恼罢了。

生活这东西，其实随意就好，顺其自然，不埋怨、不抱怨、不浮躁、不强求、不悲观、不刻板、不慌乱。天气晴朗的时候，我们就充分享受阳光的美好，让自己时刻都处在好心情之中，不要总是强迫自己去想那些烦恼的事情。这不是很好吗？

我们的人生或许会有很多追求，但无论追求什么，大家记得，都要秉持这样一个前提——不要让心太累。心若是疲惫了，那无论做什么、得到什么，我们都不会感到真快乐。是的，我们都向往着成功，但同时我们也要考虑一下，为这个"成功"我们要付出怎样的代价，是得大于失，还是失大于得。

对于成功的定义，仁者见仁，智者见智。有的人认为腰缠万贯才是成功，可是财富却往往与幸福无关。纽约康奈尔大学的经济学教授罗伯特·弗兰克说："虽然财富可以带给人幸福感，但并不代表财富越多人越快乐。"一旦人的基本生存需要得到满足后，每一元钱的增加对快乐本身都不再具有任何特别意义，换句话说，到了这个阶段，金钱就无法换算成幸福和快乐了。也就是说，如果一个人在拼命追求金钱的过程中，忽略了亲情，失去了友谊，也就放弃了对生命其他美好方面的享受，那么到最后即便成了亿万富翁，他也多会是孤独和迷惘的。

如果不想这样，那么不妨让自己的心态淡然些，让生活随意些，因为幸福与快乐就源自内心的简约，简单会使我们宁静，宁静会使我们快乐。我们的心随着年龄、阅历的增长而日趋复杂，但生活其实一直很简单——保持自然的生活方式，不因外在的影响而痛苦抉择，就会懂得生活简单的快乐。

✧ 我懒我快乐

不知道有谁还记得小时常唱的那首歌："随着年龄由小变大，他的烦恼增加了……"人生就是这样，年龄年复一年地增加着，压力也在日复一日地增加着，到了一定的岁数，我们多多少少都会为一些事情忧虑，其实细细想来谁没有忧虑呢？只是我们要放轻松，要学着将内心的重负抛开，还原本来属于自己的快乐。

人这一辈子，总是会遇到这样或那样的压力，有些压力可以成为我们前进的动力，而有些压力如果不能得到良好的排解，很有可能就会成为我们内心的重负。于是，不知什么时候，我们在忙碌之中忘记了顾家之乐；不知什么时候，我们因疲惫而丧失了朋友之乐；不知什么时候，我们开始因为忧虑无法排解而辗转难眠；不知什么时候，我们开始感慨时光的流逝，让相册里的一张张微笑的脸变成了曾经的记忆……

其实，面对生活我们没有必要过于悲观，有句名言是这样说的，"如果你对生活微笑，生活也会微笑着对你"，面对压力和困难，我们首先要学会保持一颗从容淡定的心，乐观地面对人生中的一切。只有这样，我们才能抛开心中的重负，找回那个曾经快乐的自己。一个人快不快乐，完全取决于他面对人生的态度，有些时候是我们自己把眼前的重负看得过于强大了，而事实上，如果我们真的去勇敢地面对它，它就会现出原形，这时候我们才发现，它不过是一只纸老虎而已。

有的朋友说："真觉得很累，生活真没劲！刚毕业的时候，什么都没有，却很快乐。现在什么都有了，快乐却没了！"这句话说出了很多人的心声。生活就是这么矛盾，好像拥有的越多，心就越疲惫，既然如此，为什么不让自己生活得简单一点，让心自由一点呢？

这里所说的简单生活，应该有两个方面的含义。一个是我们可以利用简单的工具，完成我们的工作，像狗一样，直线扑击兔子。另一个就是我们的生活态度可以简单一些，可以单纯一些，主要是对物质的要求简单一些，就是像狗一样，有根骨头啃啃就足矣，而把更好的心情和体验留给大自然，留给自己的心性和自己真正想要的生活。

这个世界本来就是多极的，有人喜欢奢华而复杂的生活，有人喜欢简单甚至是返璞归真的生活。当人性中的浮躁逐渐被时间消解了的时候，人们似乎更喜欢简单的生活，这是一种趋势。于是，我们可以看到中国大陆首富刘永行只穿30元一件的衬衫。

衣、食、住、行一直是人们企图高度满足的四个方面。只是眼下无论在西方，还是在东方，总有一些人，不仅对物质的要求变得简单，住简单而舒适的房子，开着简单而环保的车，而且处理现实的工作时，也在追求简单而实用的方式，用现代科技带给现代人的简单工具，"修改"着自己的工作和生活。出门带着各种银行卡，走到哪里刷到哪里，揣着薄薄的笔记本电脑，走到哪里工作到哪里，甚至在厕所里也可以打开电脑处理一些日常工作，并从这些简单中得到无限的乐趣。

不过，人们为了追求简单的生活，往往会付出很大的代价。首先，是精神上或观念上的代价。中国改革开放30年来，一些人突然富起来，但是富起来的人面对眼花缭乱的财富，就有点手足无措，有些人竭力去追求奢华，似乎想把过去贫困时期的历史欠账找回来。社会学家对这一时期"奢华"的解释是，中国人过去太穷了，"暴吃一顿"也算是一种心理补偿。每个正在发展的社会都会有这一阶段，就是暴发户被大量批发出来的阶段，是一个失去了很多理性的阶段。到了现在，社会理性逐渐恢复，人们对生活和消费也逐渐变得理性。追求简单的生活方式，就是一些为了格调而放弃奢华的人的重新选择。

另一个代价就是人们在技术上的投入代价。为了满足人们日益追求简单生活的需求，那些抓住一切机会创造财富的商人们都付出了极大的开发成本。如电脑厂商把电脑做得越来越小，这种薄小是需要付出较大研发成本的。

很多看起来简单的东西都是人们花费了很多心血折腾出来的，是这些人的心血让我们的生活变得简单而开阔。

节奏紧张的现代社会，各种各样的压力让人苦不堪言。像"我懒我快乐"、"人生得意须尽懒"等"新懒人"主张的出现，就一点也不奇怪了。"新懒人主义"本着简约的理念、率真的态度，从容面对生活，探究删繁就简、去芜存菁的生活与工作技巧。

一本《懒人长寿》的国外畅销书说，要想获得健康、成就与长久的能力，必须改变"不要懒惰"的想法，鉴于压力有害健康，应该鼓励人们放松、睡点懒觉、少吃一些等。其主要观点是，"懒惰乃节省生命能量之本"。我们以为，这不但是养生观念，更是成功理念。

"我懒我快乐"的懒人哲学，即使无力改变这劳碌社会的不理智、不健康倾向，起码亮出了一份鲜明有个性的态度——懒人控制不了整个社会，却能控制自己的欲望。古人说："从静中观动物，向闲处看人忙，才得超凡脱俗的趣味；遇忙处会偷闲，处闹中能取静，便是安身立命的功夫。"

其实，就算我们真的很想成功，也没有必要让自己活得太累，时不时地给自己放放假，把自己的任务分成一个一个的小任务分配给别人一部分，然后尽可能控制自己对物质生活的欲望，我们就会在瞬间轻松很多。其实快乐就是这么简单，只要我们能够经营好自己的生活，放下心中的重负，你就可以轻而易举地得到它。

✧ 平凡也是一种享受

平凡是一种奢侈品，是一种难得的福气。只要你经历了平凡、享受了平凡，你就不会怀疑这种说法的正确性。

现代人的心态越来越浮躁了，每个人都急切地盼望自己超越平凡，出人头地，在这种浮躁心态的驱使下，他们前冲后突，你争我夺，弄得自己身心疲惫，最后还一无所得。

事实上，我们都是平凡人，我们的生活也同样是平凡的。平凡是我们的属性，即使是在别人看来轰轰烈烈的罗密欧与朱丽叶的爱情，对他们自己来讲，实在也是最平凡不过的。中国台湾著名作家刘墉有一位朋友，非常喜欢登山，国内著名的山峰他几乎全登遍了。有一次刘墉问他的朋友登山有什么感觉，他回答说：一则以喜，一则以悲，喜的是觉得自己很伟大，悲的是又感觉自己很渺小。当辛苦登上山巅之后，看万物都在脚下，那种"会当凌绝顶，一览众山小"的伟大感觉是最快乐的。但是当举目苍天、俯瞰大地时，又觉得在宇宙之中，自己是那么微不足道，而有"寄蜉蝣于天地，渺沧海之一粟"的悲哀。

确实如此，身处天地之间，任何人都是渺小平凡的，我们每一个人都有其伟大与平凡之处。所不同的是，平凡的人用平凡掩盖了伟大之处，伟大的人用伟大挡住了平凡之处。世界上的大多数人并不伟大，是因为这个世界上更需要的是平凡人。没有平凡，也就体现不出伟大。有些人本来也很伟大，之所以显得平凡，是因为更伟大的人挡住了他们的光芒；而有的人之所以伟大，并不在于他们干了什么惊天动地的伟大事业，只是他们平凡的人生同样光彩照人。一位哲人说过，任何生命——平凡的生命和伟大的生命，都是从零开始的。只是平凡的人离零近些，伟大的人离零远些。

当然，所谓平凡，并不是要你不思进取，无所作为，而是要你于平淡、自然之中，过一个实实在在的人生。平凡乃人生的一种境界。肤浅的人生，往往哗众取宠，华而不实，故弄玄虚；而平凡的人生，往往于平淡当中显本色，于无声处显精神。平凡在某种程度上来说，表现为心态上的平静和生活中的平淡。平淡的人生犹如山中的小溪，自然、恬静。平凡的人生也无须雕琢，刻意雕琢就会失去自然、失去本性。

　　身处红尘之中，应当无宠无辱，自在逍遥，持平凡心，做平凡人，自有享受平凡的妙处。持平凡心，不要总是企望着做伟人。虽无伟人的威仪，但也没有高处不胜寒，举手投足左顾右盼的尴尬；保持平凡心态，不要总想着登高位。虽无炙手可热、一呼百应的威势，但也不用煞费苦心伺机钻营，拍马溜须、见风使舵，也不会一朝马失前蹄树倒猢狲散，因贪欲难抑而身陷囹圄；持平凡心，无意经商成巨富。虽没有做大款纳小妾、居华屋坐名车挥金如土的威风，但也没有终日搏击商场、钩心斗角的疲惫，一朝船翻在阴沟，欲捧金碗却砸了瓷碗的处境。

　　做平凡人是一种享受：享受平凡，勤耕苦作有收获，不求名利少烦恼；享受平凡，看海阔天空飞鸟自在翱翔；看山清水秀，无限风光在眼前；享受平凡，不是消极，不是沉沦，不是无可奈何，不是自欺欺人。

◇ 别把自己搞得太累

　　事业有成原本是件令人羡慕的好事，然而却有越来越多的成功人士被成功所累，患上了抑郁症，痛苦得无法自拔，甚至错误地认为，只有离开这个世界才能得到解脱。

翟云所在的公司，在食品业颇有名气，能得到这个位置，是因为翟云那个"海归派"的身份。翟云学历颇高，虽然离开北京已有数年，但生活了几十年的熟悉环境和人际关系，还是让他在很短的时间内成功地坐上了这个令人羡慕的位置。在旁人眼中，翟云是个能干、智慧、风度翩翩，学识渊博的标准高级白领，他的脸上始终保持着一份优雅的微笑，说起话来睿智而不失幽默，商场上的尔虞我诈从来都未让他有半点的失态，他的优雅和从容似乎是与生俱来的。但是，在优雅从容背后的压抑、彷徨和担忧只有翟云自己知道。

这几年来，翟云已经习惯了被人赞扬，听顺了赞美的话，让他不知不觉中戴上了厚厚的面具，他把自己的弱点深深地藏在了面具里面，努力把最光鲜的一面呈现在外人面前，他变得没有个性，没有自我，只剩下一个大家都认同的躯壳。他觉得累，却不能露出疲倦，没完没了的工作压得他喘不过气来，无论身体情况如何，他都必须将工作完成得尽善尽美，因为这样才是别人心目中认可的他；他觉得很烦躁，却依然要保持优雅；他感到紧张，却只能表现从容，虽然他有骄人的业绩，又有让人艳羡的学历，更有让人既妒忌又羡慕的才能，但竞争的激烈，新人辈出，让这个优秀的男人同样感到了危机，他感到紧张、焦虑，他的从容保持得有多累、多苦只有他自己知道。无奈，为了不让自己完全崩溃，他只能把郁闷和一切不如意向家人发泄。父母看着一向优秀、知书达理的儿子突然变得粗暴，不可理喻，他们很难接受，常常会不自觉地叹息摇头。

每当这个时候，翟云都会尽量避开，因为他不忍心看到父母的这种表情，他内疚，但又不能表露，因为他害怕父母的询问，他无法说清如此变化的原因。他也想找朋友去喝杯酒、聊聊天，或者一起去打球，将心中的郁闷发泄出来，但一天十几个小时的工作，根本就没有给他留下空间，他现在迫切地想放松，想逃开，但现实让他连逃脱的勇气都没有。他很清楚自己可能患上了心理疾病，但他无能为力。他只知道，他在等待，等待自己最终崩溃的那一天。

近来，他的睡眠质量日益变差，注意力也无法集中，整天感到头晕、疲乏，精力大不如前，服用药物也无法减轻痛苦，最后不得不回家休息。他怀疑自己患了不治之症，想通过自杀来解脱，幸亏被家人及时发现，才避免了悲剧的发生。

现代社会的竞争压力很大，很多人在这样的环境中工作节奏过快，对自身的期望值又很高，往往搞得自己像机器人一样忙碌不堪，如果心理素质差一点又得不到疏解，难免会罹患心理疾病。所以要学会忙里偷闲，当感到压力太大时，不妨暂时丢掉一切工作和困扰，彻底放松身心，让精力得到恢复。此外，应注意保持正常的感情生活。事实表明，家人之间、恋人之间、朋友之间的相互关心和爱护，对于人的心理健康十分重要。遇到冲突、挫折和过度的精神压力时，要善于自我疏解，如参加文体、社交、旅游活动等，借此消除负面情绪，保持心理平衡。

◇ 得意泰然，失意超然，总之淡然

淡然是一种心境，这种心境最大的好处就是能够帮助你认清自己，认清周围的局势，让你感受到自己存在的价值。同时，你若能够利用好这种心境，那么你就能够抵制外界对你的诱惑，诱惑就像是一条鱼一样，总会在你的身边游动，因此，你应该学会淡然地面对一切，这样你会发现自己会成功。

淡然并非是一种平庸，而是一种平和的心态，不要认为对外界的淡然就是不思进取，不知道寻找自己的奋斗目标，要知道每个人的内心世界都需要自己努力，如果你希望实现自己的成功，那么最终你需要的就是抵制外界的干扰，每个人的人生都是不一样的，而如果你能够淡然地面对自己的人生，那么最终你就能够实现自己的进步。

诱惑是不可避免的，因为在你的生活中，你需要的不仅仅是一种快乐，更多的是一种人生的阅历，在一个人想要实现自己梦想的时候，他们会寻找一切的有利条件，这个时候诱惑就会出现，如果你将诱惑当成了有利条件，那么你会深陷其中。同样地，一种诱惑需要一种良药，而我们不可否认的是淡然的人生态度，往往能够让所有的诱惑变得黯然失色。

一个人经不起诱惑的很大一部分原因是来自自身的贪欲，贪欲往往会毁掉一个人的一生，如果你能够对身边的事情淡然一些，你会发现其实自己已经得到了很多，自己这个时候更多的应该是享受这份快乐，而不是贪欲的滋生。

有一个有钱人，家有良田万顷，身边妻妾成群，可是脸上很少有笑容。他的邻居是一个穷铁匠，虽然一贫如洗，夫妻俩整天有说有笑，日子过得比蜜还甜。有一天，富翁小妾听见隔壁夫妻俩唱歌，就跟富翁抱怨："我们虽然有万贯家产，还不如穷铁匠开心！你看看人家，过得多开心。"

富翁思考了一会儿，说道："我能叫他们明天唱不出声来！"说完之后，富翁拿出两根金条，从墙上扔到了隔壁铁匠的院子里。

铁匠夫妻俩第二天打扫院子时发现自家院子里平空出现两根金条，心里高兴自然不必说，可是两个人更为紧张。因为这两根不明来历的金条，两个人竟然不干活了。打那以后，铁匠夫妻二人便吃不香，睡不着，生怕自己的金条被别人发现，因此他们不再唱歌，也不再像以前那样快乐了。富翁见这情况，便对他小妾说："你看他们不再说笑不再唱歌了吧！办法其实很简单。"

人人都说金钱是万恶之源，其实不然，金钱本无罪。有罪的是人心中的贪欲。有一句谚语说得好："同是一件事情，想开了是天堂，想不开就是地狱。"就是这个道理。就像例子中的铁匠夫妇，在没有拥有金钱之前，是快乐的，当他们拥有了金钱，本该更加的快乐，但是因为自己内心的欲望和外界的诱惑，让他们失去了原本的快乐，这就是诱惑的力量。

如果你想要拥有快乐，那么最简单的办法就是抵制诱惑。在你的内心深处是否有对金钱的渴望，对地位的追求，对名利的羡慕？其实你想要得到金钱这并没有错，但是不能只是为了金钱而生活，我们需要的不仅仅是金钱，我们需要的是让金钱帮助我们实现快乐。你追求地位也没有错，但是不要将地位看作是自己人生的唯一目标，在这个奢华的名词后面应该还有更深刻的含义存在。当然，你羡慕名利也不是错，但是不要让名利占据你所有的思想，不要让自己成为了名利的寄生虫。这些都可能成为诱惑，诱导你走错路的诱惑。

在我们的周围，常常有各种各样的诱惑向我们频频招手，如果被这些诱惑所束缚，我们就会失去自由，甚至失去自我。这就需要我们在诱惑面前，自甘平淡，保持一颗宁静超然的心去面对一切。即使面临再大的诱惑，只要用一颗平常心，得意泰然，失意超然，做起事来，我们就会不慌不忙，不躁不乱。这样的人生永远处在一种安详、平稳的境界，永远轻松自然。

诱惑就像是一条毒蛇，你不知道它什么时候就爬到了你的周围，它会悄悄地盯上你，直到你感受到疼痛的时候才会意识到。但是如果你想要抵制这种诱惑，赶走这条毒蛇也不是不可能的，这个时候你就要学会让自己拥有一份淡然的心态，只有这种心态，才能够让自己具有一种免疫力，让这种免疫力帮助你抵制这条毒蛇。